ULRICH UMBACH

Die Eifel-Ardennensau

ULRICH UMBACH

Die Eifel-Ardennensau

Reflexionen und Erlebnisse eines Jägers und Schweißhundführers

Neumann-Neudamm

ISBN 978-3-7888-1974-3

– eine Marke der Neumann-Neudamm GmbH
Schwalbenweg 1, 34212 Melsungen
Tel. 05661-9262-0, Fax 05661-9262-20
www.neumann-neudamm.de
info@neumann-neudamm.de

Printed in the European Community
Satz & Layout: Neumann-Neudamm GmbH
Titelgestaltung: Neumann-Neudamm GmbH
Bildnachweis: Fotos Alle Abbildungen stammen, soweit nicht anders gekennzeichnet, aus dem Archiv des Verfassers.
Druck & Verarbeitung: DZS Grafik d.o.o., Ljubljana

INHALTSVERZEICHNIS

GELEITWORT

Es schien alles Routine zu sein. Ein jagdlicher Elfmeter sozusagen. Wir brauchten ein „Marzipan-Schweinchen" zum Grillen. Also so um die 40 Kilogramm. Auf dem Rückweg vom Morgenansitz bemerke ich drei Überläufer, die vertraut durch den dichten Unterwuchs wuseln. Schnell flügele ich vor zu einer breiten Schneise. Als ich ankomme, ist der erste Überläuferkeiler bereits rüber, der zweite tut mir den Gefallen und verhofft kurz am Schneisenrand. Schon ist die Kugel draußen. Die Sau stürmt in den Brombeer-Himbeer-Dschungel, dann ist es still.

Das hat ja wunderbar geklappt. Ich bin auf etwa 80 Meter Mitte Blatt abgekommen. Mit der 9,3 x 74R eine sichere Sache. Ich hole das Auto, nehme den Bergegurt und will die Beute rausziehen. Schweiß am Anschuss weist mir ebenso den Weg wie der Fluchtkanal durch den dichten Unterwuchs. Irgendwo hier muss es liegen. Ich folge und folge – doch kein Schwein zu sehen. Als nach gut 100 Metern das Stück erkennbar einen Wechsel angenommen hat, ist klar: Hier stimmt was nicht.

Was machen? Ich rufe auf dem Handy den für uns zuständigen Schweißhundführer an. Der meldet sich auch sogleich – allerdings aus dem Urlaub in Italien. Etwas weiter von meinem Tatort entfernt weiß ich einen jungen Jäger mit einem erfahrenen Gebirgsschweißhund.

Eigentlich hätte er keine Zeit, bescheidet er mir am Telefon, sagt dann aber glücklicherweise doch zu. Vieles spricht dafür, dass es keine große Sache wird …

Mit einer gewissen Ungeduld beobachtete ich, wie er vor Ort in aller Ruhe die ganzen Vorbereitungen für den Einsatz trifft. Halsband, GPS, Schutzweste für Hund, Schutzkleidung für Mensch, Messer, Waffe … Dann geht es endlich zum Anschuss. Ohne zu zögern arbeitet sich der Rüde durchs Dornendickicht. Nach 200 Metern rauscht es in unmittelbarer Nähe, doch zu sehen ist nichts. Der Hund wird laut, will hinterher und wird geschnallt. Was hat das Stück bloß für einen Schuss?

Ab geht die Hatz, natürlich prompt ins Nachbarrevier mit Erlenbruch und reichlich Schilf. Als anerkannter Schweißhundführer darf Christof hinterher. Über GPS kommen wir langsam näher und hören Standlaut. Ich bleibe zurück. Mühsam kämpft sich der sportliche Hundeführer heran, ohne viel Krach zu machen. Ein Schuss fällt. Die Sau liegt. Nach kräftigem Abliebeln des Hundes durch sein Herrchen interessiert mich natürlich der Kugelsitz. Hoher Vorderlaufschuss, der Brustkern noch mit angekratzt. Wie ist das möglich? Ich bin deutlich höher abgekommen. Um es kurz zu machen: Die Waffe, mit der ich jahrzehntelang nie ein Problem hatte, schoss glatt 12 Zentimeter zu tief. Ursache auch für den Büchsenmacher nicht erkennbar.

Warum dieses persönliche Erlebnis als Einstieg in das 2. Buch von Ulrich Umbach? Es soll verdeutlichen, welch wertvollen Dienst Schweißhundführer am Waidwerk, für Wild und Jäger leisten. In erster Linie geht es dabei um den Tierschutz, um das Ausgleichen von menschlichen Fehlern bei der Jagdausübung. Die Jäger in Deutschland dürfen glücklich sein, dass es in unseren Landen so ein ausgeprägtes Nachsuchenwesen gibt, das zur Hilfe geholt werden kann.

Einer von ihnen ist Ulrich Umbach. Seit mehr als 50 Jahren ist er als „grüne Feuerwehr“ mit großem Engagement auf der Wundfährte im Einsatz. Über 7.000 Nachsuchen bedeuten eine gewaltige Leistung – körperlich wie zeitlich. Kein Wunder, dass ihm nach dem großen Erfolg seines ersten Buches „Auf den Knien durch die Eifel“ der Stoff noch lange nicht ausgegangen war. Seine neuen Geschichten spiegeln die jagdliche Situation in der Eifel in den verschiedenen Jahrzehnten authentisch wider. Sie sind nicht nur spannend und unterhaltsam, sondern auch stets lehrreich. Der Schwerpunkt liegt natürlich auf der Arbeit am langen Riemen.

Der pensionierte Forstmann und jagdpolitisch aktive Kreisjagdberater aus der Eifel hat sich über die praktische Arbeit hinaus aber auch stets für die Weiterentwicklung einer anständigen Jagd eingesetzt. Die von ihm ins Leben gerufenen Anschussseminare sind ein überzeugendes Beispiel dafür. Aber egal in welcher Mission Ulrich Umbach auch tätig ist – sein übergeordnetes Ziel bleibt stets, Tierleid mit seinen Hunden und Helfern möglichst schnell zu beenden. Das ist ihm eine Herzensangelegenheit, die in jeder Zeile dieses Buches zu spüren ist. Nirgendwo scheint mir der Begriff „gelebte Waidgerechtigkeit“ passender als hierfür.

Frank Rakow, ehm. Chefredakteur der DJZ

Eifellandschaft am Abend

EINLEITUNG

Nach der erfolgreichen Veröffentlichung von drei Auflagen meines ersten Buches „Auf den Knien durch die Eifel" haben mich viele bedrängt, noch einen weiteren Band folgen zu lassen. Gerne kam ich dem Wunsch nach und schrieb noch einiges an Anekdoten, Erlebnissen und Begegnungen mit Mensch und Tier in der Eifel nieder.

Seit dem Erscheinen meines ersten Buches sind mittlerweile drei Jahre vergangen. Auch in dieser Zeit ist es mir vergönnt gewesen, weiterhin als Schweißhundführer und Jäger tätig zu sein. Zahlreiche Nachsucheneinsätze sind unterdessen von mir und meinem Team durchgeführt worden. Mein Team, das sind aktuell meine Freunde Felix, Gunter, Daniel und Vox sowie unsere Hunde „*Birka*", die jetzt 10-jährige erfahrene und sensationell sicher arbeitende Hannoversche Schweißhündin (HS), meine jetzt 3-jährige HS-Hündin „*Diana*" und die 7-jährige Deutsch-Drahthaar-Hündin (DD) „*Coco*" als Loshund. Alle und ein paar andere mehr werden in den folgenden Geschichten eine Rolle spielen.

Ich widme dieses Buch meinem vor Kurzem verstorbenen Freund Uwe Schmitt, der mit mir in den letzten 15 Jahren im wahrsten Sinne des Wortes durch dick und dünn gegangen ist. Er war, genau wie ich, anerkannter Schweißhundführer in Rheinland-Pfalz. Viele Einsätze

haben wir zusammen bestritten, haben uns ausgetauscht und gegenseitig unterstützt. Wir waren verbunden bis in die letzte Stunde seines Lebens. Seine Hunde werden weitergeführt von seinem Sohn Daniel. Ich werde ihn dabei begleiten, um ihm die eine oder andere Anleitung geben zu können. Das habe ich seinem Vater noch versprochen.

Uwe Schmitt mit Bari und Distel © Daniel Schmitt

Einige der nachfolgenden Erzählungen liegen Jahrzehnte zurück, andere sind neueren Datums. Ich wünsche allen Lesern entspannende Stunden und viel Vergnügen und würde mich freuen, wenn einige Anregungen zur Jagdausübung und Hundeführung auf fruchtbaren Boden fallen.

Der Verfasser

DIE EIFEL-ARDENNENSAU

Lange ist es her, es spielte sich im Jahr 1964 ab und wurde damals in zahlreichen Zeitschriften als Anekdote zum Besten gegeben. Es ist die Geschichte eines jungen Jägers, der damals schon schlauer und erfahrener sein wollte als die hiesigen, bodenständigen „alten Hasen". Der junge Mann verfügte über eine kräftiges Organ und ein ziemlich lockeres Mundwerk.

Mein Vater, Jagdpächter des schönen Eifelreviers „Sarmersbach", lud alljährlich im Herbst zur traditionellen Treibjagd auf Hase und Fuchs ein. Schwarzwild kam in diesen Jahren nur sehr spärlich in unserer Region vor. Im gesamten Kreisgebiet wurden damals zwischen 250 und 500 Sauen pro Jagdjahr gestreckt (heute beträgt die Gesamtstrecke etwa das Zehnfache). Solche Jagden waren immer auch ein großes gesellschaftliches Ereignis auf dem Lande. Infolge der unter den Füchsen stark grassierenden Tollwut-Epidemie hatte der Hasenbesatz stark zugenommen und somit lag die Treibjagdstrecke in diesem Eifelrevier im Schnitt bei 40 Hasen.

Zu dieser Treibjagd im Jahre 1964 waren natürlich die meisten einheimischen Jäger aus dem näheren Umfeld, besonders aus unserem Kreisstädtchen Daun, eingeladen. Als 14-jähriger Schüler hatte ich sogar von meinen Lehrern für diesen Tag schulfrei bekommen!

In unserer Kreisstadt hatte in dieser Zeit der oben genannte junge Jäger aus dem Kölner Raum seinen Malerbetrieb frisch eröffnet. Ob er ein guter Handwerker war, kann ich heute nicht mehr beurteilen, aber bezüglich der Jagd hatte er ein sehr lockeres Mundwerk. Er wusste alles, er kannte alles und wollte manchem alten Jäger vor Ort die genauen Zusammenhänge des Waidwerks erklären.

Was er alles bereits erlegt hatte, weiß ich nicht. Sicher war aber, dass er noch nie eine Sau geschossen hatte. Dies sollte nun bei der Treibjagd in Sarmersbach „möglich gemacht werden". Mit Vorkommen von Schwarzwild war zwar überhaupt nicht zu rechnen, aber meine erwachsenen Verwandten hatten vorgesorgt.

Mein Großvetter Reini hatte einen kleinen Schweinemastbetrieb. Hieraus wollte er ein Schwein „opfern", damit unser Jungjäger Hubert seine erste Erlegung feiern durfte. Dieses Schwein wurde am Vortag der Jagd mit Schuhwichse richtig schön „schwarz" gemacht.

In der Mittagspause des Treibjagdtages waren Vetter Reini und mein Onkel absolut unauffällig für die übrigen Jagdteilnehmer verschwunden. Sie waren nach Mehren zum Mastbetrieb gefahren, um das präparierte Hausschwein zu verladen und in dem für den Nachmittag vorgesehenen Trieb zu platzieren.

In Absprache mit meinem Vater war ein Platz am untersten Ausläufer des Waldareals ausgesucht worden, dort, wo der Wald in die Feldmark spitz hineinragte. Das letzte Treiben sollte erst angegangen werden, wenn die Dämmerung bereits einsetzte.

Irgendwann am frühen Nachmittag tauchten Reini und Adam wieder bei der Jagdgesellschaft auf und signalisierten meinem Vater, dass alles wie abgesprochen vorbereitet sei. Andere hatten ihre zeitweise Abwesenheit offensichtlich wirklich nicht bemerkt.

Das letzte Treiben lag nun vor uns. Mein Vater hatte die Schützen an der Südflanke zu besagter Spitze hin abzustellen. Letzter Schütze war natürlich Hubert, der stolz an diesem Tag seine neu erworbene kombinierte Waffe führte. Ich glaube, es war eine Bockbüchsflinte oder ein Drilling. Ich lief mit, denn ich war als einer der wenigen in den Plan eingeweiht.

Etwa in der Höhe, an der von den beiden meinem Vater mittags die Stelle beschrieben worden war, hob Papa plötzlich die Nase und meinte zu Hubert: „Verdammt, hier riecht es nach Sauen! Hubert, lade bitte schon mal dein Gewehr!" Krampfhaft suchten unsere Augen die Sau. Sie musste in dem von Altkiefern mit Fichtenunterbau bewachsenen Bestand in ungefähr 15 bis 20 Meter Entfernung vom Weg angebunden sein.

Hubert hob sofort ebenfalls wissend die Nase: „Ja, ich rieche die Sauen auch!" Er roch natürlich überhaupt nichts, denn es roch definitiv nicht nach Sauen. In dem Moment entdeckten wir plötzlich das Schwein, das sich aus einer Kuhle, die es sich in der Zwischenzeit selbst geschaffen hatte, erhob. Blitzschnell ging Hubert ins Ziel und mit einem abgezirkelten Blattschuss sank das Schwein ohne nur einmal zu schlegeln zusammen. Hubert schwenkte mit seiner Waffe nach links in den Bestand auf einen dort befindlichen dunklen Wurzelstock und feuerte auch das Flintenlaufgeschoss ab. Auf die verdutze Frage meines Vaters meinte er: „Dort stand noch ein starker Keiler, den habe ich auch getroffen."

Absprachegemäß begann nun ein Feuerwerk von Reini und Onkel Adam auf der anderen Seite der Waldspitze. Es waren natürlich nur Luftschüsse. „Hubert, lauf um die Ecke, die anderen Sauen gehen dort raus!", rief Papa dem Schützen zu.

Eine gute Gelegenheit, die erlegte Sau vom Strick zu befreien, bevor der erfolgreiche Schütze zurückkam. Ich hatte das mit meinem

Taschenmesser ruckzuck erledigt und das Seil schnell hinter ein paar Jungfichten versteckt. Während der gesamten Aktion dämmerte es schon sehr und somit war das Treiben auch bald beendet. Unmittelbar nach dem Abblasen kam Hubert in Begleitung meiner Verwandten zum Erlegungsort seiner ersten Sau, die von Vater und mir schon zum Wegesrand gezogen worden war.

Schnell begann Reini mit dem Aufbrechen, denn es bestand ja die berechtigte Befürchtung, dass der Versorger dieses erlegten Tieres anschließend mit schwarz gefärbten Händen dastehen würde. Hubert sprühte nur so von Stolz über die Erlegung seiner ersten Sau. Die Hängeohren und der dünne gekringelte Pürzel trübten in keiner Weise seine Freude.

Allerdings fiel ihm der im Gegensatz zu einem Wildschwein viel zu kurze Kopf auf und er fragte meinen Vater, wieso denn dieses Stück so ein kurzes Haupt habe. Daraufhin kam promt die schlagfertige Antwort: „Hubert, das ist ein Eifel-Ardennenschwein, eine Kreuzung zwischen den Eifelsauen und den viel kleineren Wildschweinen der Ardennen!“

Damit war die Sache erklärt. Hinter vorgehaltener Hand wurden die übrigen Jäger, denen die ganze Sache natürlich sofort aufgefallen war, zur Verschwiegenheit verdonnert. Mich wundert es heute noch, dass an diesem Tag alle dichtgehalten haben und ihr Lachen unterdrücken konnten.

Die Sau kam ins Dorf und wurde dort im Hof der Dorfkneipe, die den berühmten, aber völlig irritierenden Namen „Ami-Bar“ führte, an einer Leiter aufgehängt, wie es sich für ein ordentlich geschlachtetes Hausschwein auch gehörte. Um kein falsches Bild zu erzeugen: Die sogenannte „Ami-Bar“ war eine einfache Dorfwirtschaft. Es gab nicht einmal eine Bierzapfanlage. Die Gäste saßen mehr oder weniger in einer

größeren Wohnstube. Alle Getränke gab es in Flaschen. Die Betreiberin hieß Annemarie mit Vornamen. Sie hatte recht früh ihren Ehemann verloren und ihre zwölf Kinder allein großgezogen. Annemarie war eine fleißige und fürsorgliche Frau und Mutter mit einer ausgeprägten Gastfreundlichkeit. So kehrte mein Vater mit unseren Jagdfreunden oft nach dem Ansitz dort noch ein.

Weil die Woche über die Gaststube meist nicht beheizt war, saß man gewöhnlich in der Küche und trank das eine oder andere Bier, wobei die Wirtin den „ausgehungerten" Waidmännern immer auch noch etwas zum Essen kredenzte. Zu unseren Freunden gehörten auch amerikanische Jäger, die auf dem Luftwaffenstützpunkt in Bitburg stationiert waren.

Eines Abends, bei dem es feucht-fröhlich zuging, glaubte einer der Amerikaner mit unserer Wirtin Brüderschaft trinken zu müssen. Da bei den Amerikanern jedes Gasthaus als Bar bezeichnet wurde, war auch diese Kneipe in den Augen unserer Freunde aus Übersee eine Bar. Zu später Stunde meinte dann der Jagdgast, an die Wirtin gewandt: „Ich Ami, Du Ami", und hatte damit dem Namen Annemarie eine Kurzform verpasst. Zusammengesetzt war damit nun aus dem Gasthaus die „Ami-Bar" geworden. Ein Name, der sich sehr schnell bei den Menschen der Umgebung einprägte. Die „Ami-Bar" ist heute – obwohl es dieses Wirtshaus schon lange nicht mehr gibt – zumindest bei älteren Bewohnern noch ein Begriff.

Aber jetzt zurück zu besagter Erlegung der „Eifel-Ardennensau": Ein Teilnehmer aus der Jagdgesellschaft schnitt vom Schwein noch den Pürzel ab, überreichte diesen dem Erleger mit einem herzlichen „Waidmannsheil" und Hubert steckte sich ihn in die Brusttasche seiner Trachtenjacke. Es wurde ein feucht-fröhlicher Abend, bei dem die

Jagdgesellschaft den jungen Jäger mit seiner ersten Sau immer wieder hochleben ließ.

Aber damit nicht genug. Hubert war ja der Meinung, außerdem noch einen starken Keiler beschossen und getroffen zu haben. Also wurde für den nächsten Morgen eine Nachsuche anberaumt. Vater hatte noch am Abend von einem erlegten Hasen etwas Schweiß in ein Gläschen abgezapft und sich zudem versichert, dass das Flintenlaufgeschoss nur den Wurzelstock erlegt hatte. Am nächsten Morgen erschien zur vereinbarten Zeit Hubert bei uns, noch voller Euphorie wegen seiner ersten „Sau". Ich nahm meinen damals ersten selbstgeführten Hund „*Hasso*", einen Deutsch Drahthaar, an den langen Riemen. Etwas abseits kroch mein Vater durchs Dickicht. Plötzlich rief er: „Hier ist Schweiß!"

Der Adrenalinspiegel bei Hubert schnellte in die Höhe. „Ich habe doch gleich gesagt, dass ich den Keiler getroffen habe. Ich konnte deutlich die Hauer blitzen sehen!" Oh Gott, was war das für mich als junger Mann frustrierend. Vater hatte den gefundenen Schweiß natürlich aus seinem Glas tropfen lassen. Jetzt suchten wir hier nach einer Sau, die letztlich nur in der Vorstellung des Schützen existierte.

Mittags brachen wir die „Nachsuche" erst einmal ab. Sie sollte nach dem Mittagessen fortgesetzt werden. Ich erinnere mich noch sehr genau. Auch an mein dummes Gefühl, hier ein Stück suchen zu sollen, das es gar nicht gab. Es war ja so sinnlos! Doch dann wendete sich die Situation schlagartig.

Hubert war nach der erfolglosen Nachsuche gegen Mittag ins Lokal „Fries-Porz", einem Jägertreff in der Kreisstadt Daun, eingekehrt. Dort wollte er einigen Jägern von der wahrscheinlich am Nachmittag zu findenden zweiten Sau, die er beschossen habe, erzählen. Diese Jäger, die mittlerweile die Geschichte vom Vortag genau kannten, platzten

mit lautem Gelächter heraus und offenbarten Hubert, welch jagdlicher Trottel er sei. Hubert erschien dann am Nachmittag selbstverständlich nicht mehr. Er fühlte sich zutiefst blamiert.

Als dann auch noch die lokalen und sogar überregionalen Zeitungen über die Eifel-Ardennensau berichteten, wurde dieses Schamgefühl noch mal erheblich verstärkt. Hubert war meinem Vater und unserer Familie erst einmal sehr gram. In späteren Jahren hat sich aber eine enge Freundschaft zwischen ihm und uns entwickelt. Vater und ich haben noch viel mit ihm zusammen gejagt, denn Hubert hat dem Ganzen schließlich eine positive Seite abgewonnen. Er war als junger Unternehmer in die Eifel gekommen. Nichts hätte ihm damals zu mehr Berühmtheit verhelfen können als diese Begebenheit. Im Nachhinein erkannte er es als eine der besten PR-Aktionen für sein Geschäft. Die Anfragen und Aufträge für seinen Betrieb häuften sich. Er äußerte später einmal, dass er letztendlich meinem Vater für diesen Streich sehr dankbar sei.

Ganz ist diese Geschichte hiermit aber noch nicht zu Ende. Wenige Wochen nach besagter Treibjagd in Sarmersbach hatte auch der damalige Pächter des Reviers Steineberg, Franz P. aus Daun, der auch das „Jägertreffpunkt-Lokal" führte, zur Jagd eingeladen. Als die Jäger aus Daun, unter denen sich auch Hubert befand, am vereinbarten Sammelpunkt zur Treibjagd eintrafen, war mein Vater schon dort. Sofort befürchtete Hubert, dass der Umbach wieder etwas im Schilde führte. Wie der Zufall es nun wollte, steckten im ersten Treiben einige Sauen. Wohlgemerkt: Sauen waren zu dieser Zeit sehr selten!

Hubert wechselten drei Schwarzkittel an. Er schoss nicht. Er glaubte, mein Vater hätte für ihn jetzt gleich drei Schweinchen aus der Kiste laufen lassen. Nach dem Treiben meinte er zu meinem Vater: „Glaubt nicht,

ihr könnt mich zweimal reinlegen. Aber sage mir nur, wie bekommt der Bauer denn seine Schweine zurück?“ Darauf mein Vater: „Hubert, mach dir keine Sorgen, heute Abend geht die Bäuerin mit einem Eimer durch den Wald. Sie klappert damit und dann kommen die schon gelaufen!“

DER TIMBERWOLF

Heute ist in weiten Teilen der Bevölkerung der Begriff „Wolf“ mit Emotionen, Vorurteilen und Ängsten verbunden. Seit der Einwanderung und Ausbreitung des Grauhundes in Deutschland wird in weiten Teilen der Bevölkerung, aber auch unter den Jägern und Politikern die Behandlung dieser Wildart leidenschaftlich diskutiert. Ich kam bereits Mitte der Neunzigerjahre mit dieser Thematik sehr eng und intensiv in Berührung.

In unserem Landkreis befindet sich seit einigen Jahrzehnten ein großes Wolfsgehege, bestückt mit kanadischen Waldwölfen, den sogenannten Timberwölfen. Dieses Gehege, in dem sich natürlich abgetrennt auch noch andere Wildarten befinden, unter anderem Schwarzwild und Damwild, ist ein Anziehungspunkt für die Öffentlichkeit und zusammen mit einer dort betriebenen Falknerei auch eine große Attraktion für Besucher aus nah und fern.

Es ist März, Mitte der Neunzigerjahre. Ich befinde mich gerade als Kreisjagdmeister und Mitglied des Rotwildringes beim Aufbau der jährlich in Prüm stattfindenden Rotwildschau. Da erreicht mich ein Anruf der damaligen Pächter des besagten Wolfparks. Ziemlich aufgeregt wird mir vom Betreiber geschildert, dass offensichtlich ein Wolf aus dem Gehege entwichen ist.

Ein Autofahrer hätte berichtet, er habe nachts auf der Zufahrtsstraße zur Kasselburg einen Wolf gesichtet. Eine Überprüfung des Außengatters habe nun ergeben, dass sich tatsächlich im vorgelagerten Zaun des Schwarzwildgatters und auch im Außenzaun ein Loch im Draht befinde, durch den ein Wolf geschlüpft sein könnte. Die Bitte an mich lautet, ob ich mit dem Schweißhund die Situation überprüfen und gegebenenfalls die Spur verfolgen könne.

Ich bin momentan bei der Bewertung der Hirschgeweihe unabkömmlich und gebe die Bitte an meinen Schweißhundkollegen und Freund Henning weiter, der ohnehin ganz in der Nähe seinen Forstbezirk hat. Auf meine Frage, ob ein Wolf aus dem Gehege fehle, wird mir geantwortet, dass dies momentan nicht festgestellt werden könne. Erst bei der nächsten Fütterung am Folgetag ließe sich überprüfen, ob ein Tier fehle.

Henning erhält den Auftrag, mit seinem Hannoverschen Schweißhund das Gatter im Außenbereich zu kontrollieren. Am Abend frage ich nach. Mein Kollege hat nichts feststellen können. Das Loch im Draht ist geflickt. Meine weitere Nachfrage am nächsten Tag beim Wildparkbetreiber ergibt auch keine klare Aussage. Es seien nach den bisherigen Feststellungen wohl alle Wölfe im Gehege. Soweit scheint die Sache erst einmal erledigt.

Es vergeht etwa eine Woche, als mich ausgerechnet während eines Nachsucheneinsatzes ein Anruf unseres Kreisveterinärs erreicht, der mir Folgendes berichtet: In der vom Wildpark etwa fünf Kilometer entfernt gelegenen Dorfgemarkung Neroth sei in der Nacht ein wolfsähnliches Tier in ein mit hohem Knotengeflecht eingezäuntes Wiesengelände eingedrungen und habe dort ein wertvolles Kamerunschaf gerissen. Dies sei schon in der Nacht zuvor passiert.

Der Besitzer der Schafe habe ein frisch gegrabenes Loch unter dem Draht vorgefunden, durch das der Übeltäter offensichtlich eingeschlüpft sei. In der letzten Nacht sei dieses „Untier" vom Besitzer innerhalb der Umzäunung gesichtet worden. Er habe erst mal das Loch am Zaun versperrt und dann die Polizei gerufen. Die eintreffenden Beamten hätten versucht, mit ihren Dienstwaffen das wolfsähnliche Hundetier zu erschießen. Obwohl sie offensichtlich getroffen hätten, habe es das Tier doch noch geschafft, auf der entgegenliegenden Seite durch den Draht zu entkommen. Der Kreisveterinär bittet mich, mit dem Schweißhund die Verfolgung des deutlich verletzten Tieres aufzunehmen.

Ich kann nicht, da ich auf der Nachsuche bin und bitte deshalb wieder meinen Freund Henning, mit seinem Schweißhund die Nachsuche in Angriff zu nehmen. Am Abend bekomme ich die Meldung, dass diese ergebnislos verlaufen sei. Ich frage nach: Was vermutet Henning für eine Verletzungsart? Er geht von einem Weidwundschuss aus, das Tier sei also am Bauch getroffen. Leider Gottes habe er nach etwa einem Kilometer die spärlich mit Schweiß versehene Spur verloren.

Am nächsten Tag meldet sich die Presse bei mir. Auch der Südwestfunk fragt nach, wie sich die Bevölkerung beim Zusammentreffen mit dem verletzten Raubtier verhalten solle. Ich gebe ein paar Ratschläge, die durch den Rundfunk auch verbreitet werden. Mehr kann ich jetzt nicht tun.

Es ist der 30. März. Noch einmal hat der Winter ein kurzes Stelldichein gegeben. Eine leichte Schneedecke hat in der Nacht Wald und Wiesen überzogen. Gegen Mittag erreicht mich der Anruf des Jagdaufsehers aus dem Jagdbezirk Neroth. Er habe den „Wolfshund" gespürt und eingekreist. Er wisse jetzt genau, wo das kranke Tier steckt. Ob ich kommen könne, um mit ein paar Schützen die Dickung abzustellen.

„Moment“, sage ich, „wir wissen alle nicht, ob es sich um einen Wolf oder um den seit einigen Wochen vermissten Hütehund des dort durchziehenden Wanderschäfers handelt. Wir wissen nur eines: Das Tier ist verletzt! Sollte es sich um einen Wolf handeln, muss zuerst die Behörde grünes Licht geben. Wölfe fallen unter das Washingtoner Artenschutzabkommen.“

Ich beginne zu telefonieren. Spreche mit der Kreisverwaltung, dann mit der zuständigen Ortspolizeibehörde. Ein Jäger muss zu diesem Zweck, um rechtlich nichts falsch zu machen, eine polizeiliche Verfügung haben. Ich erhalte diese sofort mündlich, da eine Gefahr für die öffentliche Sicherheit angenommen wird. Der Sofortvollzug wird angeordnet. Ich kann aus dienstlichen Gründen aber wiederum nicht an der vorgesehenen Aktion teilnehmen.

Gespannt erwarte ich, was die Jäger ausrichten. Am Abend bekomme ich Nachricht: Die Sache hat nicht geklappt. Bei der Anfahrt zu besagtem Waldareal sah man auf etwa 300 Meter Entfernung das Tier über eine Wiese flüchten. Spaziergänger hatten es offensichtlich zur Flucht veranlasst. Wiederum frage ich nach, ob es sich eher um einen Hund oder einen Wolf handelt. Die Meinungen tendieren eher Richtung verwildertem Hund, sicher ist sich aber niemand.

Zwei Tage später. Es ist Samstag, der 1. April. Wiederum hat es nachts geschneit. Anruf von Jagdaufseher Karl. Er ist auf eine Wolfsspur in der Fichtenschonung gestoßen. Jetzt fahre ich selbst hin. Sechs bis sieben Jäger sind anwesend. Nein, mit dem Schweißhund will ich das verletzte Tier nicht verfolgen. Das ist mir zu gefährlich. Ich frage erst mal jeden nach seinem Jagdschein, denn heute hat ein neues Jagdjahr begonnen. Alle haben gültige Papiere! Auch die Schafbesitzer sind anwesend. Die Dickung wird abgestellt. Ich werde „vor Kopf“ am Rand zwischen

Wiese und Altholz postiert. Die Schafbesitzer ziehen von der gegenüberliegenden Seite mit Mistgabeln bewaffnet in die Fichtenschonung.

Plötzlich sehe ich vor mir auf einer Fehlstelle innerhalb des Einstandes eine Bewegung. Das Tier ist größer als ein Fuchs und hat einen weißen Brustfleck. Es kommt förmlich angeschlichen und hat mich sofort wahrgenommen. Es weicht zurück, um wenige Augenblicke später flüchtig die Dickung über die Wiese zu verlassen. Mein unterhalb stehender Standnachbar hat sich so unglücklich postiert, dass ich nicht schießen kann, er aber fehlt den flüchtigen Wolf. Anhand der Fluchtart (Fang und Luntenspitze liegen auf einer Linie) ist mir jetzt sehr klar, dass es sich um einen Wolf handeln muss.

Die übrigen Jäger kommen aufgrund der Schüsse schnell herbei. „Was, ihr habt ihn nicht?", werden wir beiden Schützen an der Wolfsfront ungläubig gefragt. „Komm Karl", fordere ich den Jagdaufseher auf, „wir fahren die Wege ab. Dann wissen wir, wo er hin ist." Mit dem Geländewagen passieren wir alle in der Fluchtrichtung befindlichen Waldwege. Im Neuschnee ist die Spur gut zu halten. Über mehrere Wege ist er gewechselt, dann plötzlich sehe ich seine Tritte in einem Bestand verschwinden.

Ich steige aus dem Fahrzeug. Jetzt muss ich ihn zu Fuß verfolgen. Schritt für Schritt folge ich der deutlich vor mir stehenden Spur des Raubwildes. Später entdecke ich einen Widergang, indem er ganz genau Tatze für Tatze in seine Hinspur gesetzt hat. Ich erreiche ein Fichtenstangenholz. Vor mir verläuft ein Hohlweg, wie es sie hier in der Eifel zahlreich gibt. Sie stammen meist aus dem Mittelalter, als auf diesen Wegen das Vieh getrieben wurde. Am Rand des Stangenholzes erkenne ich, im Neuschnee wunderbar abgedrückt, wo der Verfolgte sich auf die Keulen gesetzt hat. Danach führt die Spur ins Fichtenstangenholz hinein.

Plötzlich vor mir eine Bewegung. Ein dunkler Schatten verschwindet in den Hohlweg. Mit zwei, drei Sprüngen bin ich an der vorderen Wegkante. Im Gegenhang schnürt der Wolf weiter. Als er gerade hinter einer Fichte hervorkommt, trifft ihn meine Kugel tödlich. Den Schuss haben die anderen vernommen und kommen alsbald herbei.

Wir schauen uns das erlegte Stück genauer an. Ja, er sieht wie ein Wolf aus. Aber nicht wie der Europäische Wolf, sondern wesentlich kleiner und er hat einen recht großen weißen Brustfleck. Sein Haarkleid ist eher bräunlich als grau.

Wir laden den Erlegten ins Auto. Im Dorf angekommen, wird er noch mal von allen begutachtet. Einer der Schafbesitzer kommt mit einem Fotoapparat. Jetzt mache ich allerdings einen bedeutsamen Fehler in dem bisher abgelaufenen Szenario: Wir lassen uns von dem Schafhalter zusammen mit dem erlegten Wolf fotografieren.

Ich will es genau wissen und fahre mit dem erlegten Raubwild zum Wolfsgehege nach Pelm. Ein Blick der Gehegebetreiber genügt, um festzustellen, dass es ein Timberwolf ist. Ich schaue mir noch die Artgenossen im Gehege an. Ja, die sehen genauso aus, haben zum Teil auch einen großen weißen Brustfleck.

Ich nehme den erlegten Wolf wieder mit, will zuerst einmal die Behörden informieren. Das geht aber erst am kommenden Montag. Jetzt ist Samstagnachmittag, alle Ämter haben geschlossen.

Montagmorgen! Ich schlage wie immer vor dem Frühstück die Zeitung auf, das heißt, ich brauche sie gar nicht aufzuschlagen. Auf der Titelseite prangt in großen Lettern: „Der verletzte Wolf wurde in Neroth durch Kreisjagdmeister erlegt“. Die Wolfsjagd hatte sich am Wochenende schnell herumgesprochen. Auch die Polizeiinspektion aus

der Kreisstadt fragt nach. Sie hatte ja den ersten und entscheidenden Einsatz mit Abgabe eines Schusses, aus der sich alle Folgerungen ergaben.

Kurze Zeit später ruft mich ein Freund aus dem hohen Norden unserer Republik an. Eine große Boulevardzeitung berichtet mit Bild von der Wolfsjagd. Es stimme zwar nicht alles, aber mein Name und das Bild wären unweigerlich richtig. Der Fotograf vor Ort hatte ohne mein Wissen das Foto noch am Samstag an die Presse weitergegeben.

Ich rufe die Kreisverwaltung an, berichte über das bisher Geschehene. Alle sind erst einmal zufrieden, dass die Gefahrenquelle eines in freier Natur herumlaufenden, verletzten Wolfes beseitigt ist. Auch ich glaube noch, im Sinne tierschutzgerechten Handelns keinen Fehler begangen zu haben. Der Wolf hatte, wie unter Aufsicht des Kreisveterinärs festgestellt wird, eine schwere Bauchfellentzündung, verursacht durch das Projektil aus der Polizeiwaffe. Auch der Darm ist verletzt. Das Tier hätte diese Verletzung nicht überlebt und wäre wahrscheinlich sehr qualvoll eingegangen.

Als habe man in ein Wespennest gestochen, beginnt nun aber ein gewaltiger Shitstorm in der Presse, von dem wir vollkommen überrascht werden. Noch am selben Tag fahren regionale Fernsehsender vor. Zahlreiche Journalisten reisen an. Die Deutsche Presseagentur will Interviews. Es melden sich ungezählte Anrufer. Die ersten Anzeigen bei der Staatsanwaltschaft gehen ein. Leserbriefe werden veröffentlicht. Die unglaublichsten Hypothesen über das Vorkommen dieses Wolfes erscheinen. Die einen meinen, er komme aus den Ardennen, ohne zu wissen, dass es auch in den Ardennen seit über einhundert Jahren keinen Wolf mehr gibt. Die anderen glauben, dass es sich um einen eingewanderten Wolf aus Osteuropa handelt. Bemerken muss ich hier und heute, dass in der damaligen Zeit noch keine Einwanderung von Wölfen nach Deutschland stattgefunden hatte.

Als ein Reporter bei mir auftaucht, nach der Herkunft dieses Wolfes fragt und auch ein Foto machen will (der erlegte Wolf hängt noch in der Wildkammer unseres Forstamtes), frage ich ihn, ob er denn auch die Schwimmhäute zwischen dessen Zehen gesehen habe. Verdutzt schaut mich der Mann an: „Schwimmhäute?"

„Ja", antworte ich, „Schwimmhäute. Wie sonst soll denn dieses Tier es geschafft haben, über den Ozean aus Kanada hierher zu kommen." Mir gehen mittlerweile die Nachfragen erheblich auf den Geist.

Grundsätzlich bin ich in dieser Angelegenheit aber völlig gelassen. Zumal ich zwischenzeitlich die polizeiliche Verfügung auch schriftlich in Händen habe, die am 30. März zur Gefahrenabwehr erlassen wurde. Das Ganze wäre allerdings bereits im Keime erstickt worden, hätten die Betreiber des Wolfsgeheges von Anfang an erklärt, dass der Wolf aus ihrem Gehege stammt. Dies haben sie, aus mir nicht bekannten Gründen, leider nicht getan, obwohl keine andere Herkunft dieses Timberwolfes infrage kommt.

Da die Zeitungen veröffentlichten, dass sowohl gegen mich als auch gegen die Polizei Strafanzeigen eingegangen sind, ist jedermann über die „Sensation" informiert. Als ich in diesen Tagen morgens beim Bäcker Brötchen einkaufe, steht ein altes Mütterchen neben mir, schaut mich von oben bis unten an und meint: „Ihr lauft ja immer noch frei herum!"

Es dauert auch nicht lange, da meldet sich meine oberste Dienststelle, das Forstministerium. Natürlich sind die Ereignisse bis nach Mainz vorgedrungen. Spekulationen, Unwahrheiten und Halbwissen schüren die Gerüchteküche. Die grüne Partei im Landtag startet eine sogenannte „Kleine Anfrage" an die Ministerin.

Ich gebe einen Bericht ab, wie sich die ganze Geschichte wirklich zugetragen hat. Alle politisch Verantwortlichen sind beruhigt. Die Staatsanwaltschaft hat mich nie befragt. Sie hat aber Wochen später – und dies war dann winzig klein – einen Zweizeiler in der Tagespresse mit folgendem Wortlaut veröffentlicht: „Die Ermittlungen gegen Polizei und Kreisjagdmeister wegen der Erlegung eines Wolfes sind eingestellt. Es besteht kein Verdacht auf eine strafbare Handlung." Der Wolf wird nach genauer Untersuchung einem Museum zugeführt.

Grotesk kann man allerdings die Tatsache bezeichnen, dass etwa ein Jahr später wieder Wölfe aus dem Gehege entweichen und die Pächter des Wildparks abermals bei mir anrufen, ob ich ihnen mit meinem Schweißhund helfen könne, die Fährte zu verfolgen, um die „Flüchtlinge" wieder einzufangen. Ich lehne dankend ab.

Von diesen neuerlich ausgebrochenen Wölfen ist dann nach meinem Kenntnisstand einer freiwillig in den Park zurückgekehrt, der zweite wurde narkotisiert und auf die Art wieder ins Gehege geschafft. Mittlerweile wird all diesen Tieren eine DNA-Probe entnommen und archiviert, damit in Zukunft ein eindeutiger Herkunftsnachweis möglich ist.

BOBBY – EIN UNADLIGER JAGDHUND

Das Prädikat, ein Jagdhund zu sein, der den Vorgaben des Jagdgebrauchshundverbandes (JGHV) und der Zuchtvereine entspricht, ist in aller Regel der Zusatz, der den Namen des Zwingers benennt, aus dem dieser Hund stammt. So zum Beispiel „*Bella von der Steinrausch*" oder „*Fax vom Berental*". Abstammung und Herkunft werden in der sogenannten Ahnentafel minutiös aufgelistet.

Der Jagdgebrauchshundverband, in dem die allermeisten Jagdhundevereine zusammengeschlossen sind, ist seit dem Ende des 19. Jahrhunderts um eine geordnete, dem jeweiligen Einsatzbereich der Jagdhunderassen angepasste Eignung bemüht, die sowohl die jagdlichen Anlagen als auch Standards und Gesundheit einschließt. Die Arbeit dieser jagdkynologischen Vereinigung hat uns bis heute einen großen Pool jagdlich hervorragender Hunde gebracht.

Um dies auch weiterhin zu gewährleisten, muss der Zuchterfolg vor allem durch den Erwerb von Hunden, die mit „Papieren" des JGHV ausgestattet sind, gefördert und gestärkt werden. Fakt ist aber auch, dass viele Jäger an den Vorgaben des JGHV vorbei Hunde für den jagdlichen Einsatz züchten. Es entstehen dabei Kreuzungsprodukte, die manches Mal den Rassestandards kaum noch gleichen. Es gibt aber

auch Kreuzungsprodukte, die vom Aussehen wie von der jagdlichen Eignung überzeugen.

Es steht mir nicht zu, solche Schwarzzuchten zu verurteilen. Mir sind unterdessen einige dieser Züchter und ihre Zwänge bekannt. Ich weiß um die vielen Verluste, die gerade Meuteführer fast jährlich unter ihren vierläufigen Jagdkameraden zu beklagen haben. Und ich weiß auch, dass es nicht immer die betuchtesten und wohlhabendsten Jäger unter uns sind, die ihre Hunde oft täglich in den harten Einsatz der Stöberarbeit auf Schwarzwild führen. Immer wieder müssen sie ihre Meute „auffüllen" und sind oft nicht in der Lage, teure, nach den Regeln des JGHV gezüchtete Hunde anzuschaffen.

Ich will diesen Schwarzzuchten hier nicht das Wort reden, will sie nicht für gut und richtig erklären, sondern will letztlich nur versuchen, Verständnis dafür zu gewinnen. Wer dauerhaft und intensiv einen Jagdhund führen will, sollte sich immer einen nach den Standards des jeweiligen Zuchtvereins gezogenen Hund holen.

Für mich ist und war es nie eine Frage, dass mir nur ein Hund mit „ordentlichen" Papieren ins Haus kommt bzw. von mir gehalten und geführt wird. Aber wie so oft im Leben gilt auch hier die Aussage: „Ausnahmen bestätigen die Regel!" Und so handelt diese Geschichte von einem Hund, der die Adelsbezeichnung „von" nicht im Namen trug, aber auch zu mir, zu unserer Schweißhundestation gehörte und ein ganz eigener, für seinen Einsatz konsequent guter und darüber hinaus noch wunderschöner Terrier war.

Apropos Terrier. Er, das ist maskulin und daher ein Rüde, war ein Kreuzungsprodukt zwischen einem Jagd- und einem Airedale-Terrier. Sein Stockmaß betrug 43 Zentimeter und damit verfügte er körperlich über höhere Kraft und Schnelligkeit als die allermeisten Jagdterrier.

Wie aber kam ich zu diesem Hund und warum wurde er Bestandteil meiner Hundestation?

Die Geschichte beginnt mit der Nachsuche auf eine gekrellte Sau. Nach Aussage des Schützen soll es sich um einen Überläufer handeln. Die Sau wurde am Vorabend des 1. April vom Ansitz aus beschossen, lag im Knall, kam nach minutenlangem Schlegeln wieder auf die Läufe und verschwand in der angrenzenden Dickung, ohne dass ein weiterer Schuss abgegeben werden konnte.

Da ich an diesem 1. April anderweitig verplant bin, schicke ich meine Mitstreiter, die mich häufig bei der Nachsuche begleiten und unterstützen, zu diesem Einsatz. Felix und Gunter führen meine 9 Jahre alte HS-Hündin „*Birka von den Sieben Steinhäusern*."

Birka, die hocherfahrene Nachsuchenspezialistin wird öfter von meinen Freunden geführt. Immer dann, wenn ich nicht dabei sein kann oder wenn wir zu dritt sind und schwierigstes Gelände vor uns liegt, führt Felix die Schweißhündin am langen Riemen. Allmählich macht sich bei mir eben das fortgeschrittene Alter bemerkbar und ich bin immer dankbar, wenn meine jungen Mitstreiter bei sehr anspruchsvollem Gelände die Riemenarbeit übernehmen. Ich übernehme dann die Organisation vom Fahrzeug aus. So kann ich in zahlreichen Fällen einer Hetze schneller folgen und bin früher am stellenden Hund, als dies der Jäger mit dem Loshund schaffen könnte.

Birka ist eine überdurchschnittlich gute Riemenarbeiterin. Es macht mir immer wieder sehr viel Freude, wenn ich ihre präzise, konzentrierte Schnüffelarbeit beobachte. Für mich ist es auch heute noch nach vielen tausend Einsätzen mit verschiedensten Hunde auf der Rotfährte faszinierend, wie diese Schweißhündin, oft ohne jeden optischen Anhalt, verregnete, viele Stunden alte Krankfährten riecht und zentimetergenau verfolgt.

Selten hatte ich einen so ausdrucksstarken Hund am Riemen wie diese HS-Hündin. Sie ist sehr einfach zu „lesen". Ich meine damit – und dies ist ja die Kernvoraussetzung für eine erfolgreiche Arbeit auf der Wundfährte –, dass ich als Führer genau erkenne, ob mein Hund auf der richtigen Fährte arbeitet oder ob er eventuell der Verleitfährte eines gesunden Stückes folgt. Weil sie dies so einzigartig deutlich zeigt, ist es auch ein Leichtes für Felix oder Gunter, mit diesem Hund am Riemen zu arbeiten.

In der Jägerei ist es Mode geworden, einen Schweißhund im Auto oder vor dem Kamin des Jagdhauses zu präsentieren. Doch nicht das Aussehen des Hundes lässt Rückschlüsse auf die Qualität zu, sondern die Fährtenarbeit, wir sagen die Riemenarbeit. Das bedarf einer intensiven Einarbeitung und Übung. Mit großer Verwunderung höre ich das Argument solcher Neubesitzer, man brauche diesen Hunden die Schweißarbeit gar nicht beizubringen, die könnten das ja naturgegeben von Haus aus.

Diese Meinung ist leider weit verbreitet und natürlich so nicht richtig. Auch der Schweißhund (von denen heute leider viele aus Schwarzzuchten stammen) muss zur Riemenarbeit dressiert oder „abgeführt" werden. Schweißhunde haben zwar in der Regel eine bessere Anlage, weil sie seit Generationen auf diese Arbeit hin gezüchtet wurden. Diese besondere Fährtenarbeit präzise zu absolvieren, ist aber nur durch intensive Übung und Einarbeitung zu erreichen. Darüber hinaus: Nur bei wenigen Hundeeinsätzen spielt die Erfahrung eine so entscheidende Rolle wie gerade bei der Schweißarbeit. Das gilt für den Hund, aber auch für den Führer!

Nun zurück zur gekrellten Sau: Felix und Gunter fahren zum vereinbarten Treffpunkt. Mit dabei auch *Coco*, die Deutsch-Drahthaar-Hündin, die als sogenannter Loshund für eine eventuelle Hetze nachgeführt wird.

Wir wollen auf jeden Fall *Birka* so lange wie möglich als exzellente Riemenarbeiterin erhalten und sie daher nicht dem hohen Risiko aussetzen, die eine Hetze mit sich bringt. Solange der Hund am Riemen oder der Leine geführt wird, ist die Gefahr einer anderweitigen Einwirkung oder eines Unfalls nicht besonders groß. Das ändert sich aber schlagartig, wie auch an diesem 1. April, wenn der Hund geschnallt wird.

Birka arbeitet in gewohnter Weise. Felix führt sie am Riemen, Gunter folgt mit *Coco*. Die Fährte verläuft durch Dickungen und Altholzbestände etwa 2,5 Kilometer weit. Obwohl sehr wenig Schweiß von den Nachsuchenführern erkannt wird und offensichtlich auch wenig vorhanden ist, arbeitet *Birka* zügig.

An zwei vom Wind geworfenen Bäumen im hohen Buchenaltholz stellt *Birka* plötzlich ihre Behänge auf Angriff. Sie gleicht dann fast einem Afrikanischen Elefanten. Sie hebt die Nase und zieht schnurgerade auf die Kronen der Windwurfbuchen zu. Jetzt ist klar: Dort sitzt die Sau im Wundkessel. Noch ist sie nicht zu sehen, doch wenige Augenblicke später rauscht sie wie ein Schatten auf der rückwärtigen Seite des Windfalles heraus. *Birka* will geschnallt werden, aber dafür gibt es ja *Coco*. Ihr Einsatz ist jetzt gefragt.

Häufig habe ich auch einen zweiten Hund dazu geschnallt, besonders meine junge Schweißhündin *Diana*. Aber die war – Gott sei Dank – dieses Mal nicht dabei.

Gunter folgt der Hetze. *Coco*s Laut verklingt in der Ferne. Das Gelände ist ziemlich steil. Nach unten fällt der Hang zur Ahr hin steil ab. Gunter – er nimmt hin und wieder noch an Marathonwettkämpfen teil – ist schnell der Hetze gefolgt. Er schießt förmlich den Hang herunter. Doch dann, er kann seinen Lauf gerade noch abbremsen, endet dieser auf einer Mauer. Hier lag vor vielen Jahrzehnten ein Bahngleis der Reichsbahn, genau

Abgestürzt: Die verletzte Coco mit den beiden Sauen. © Felix Bürgener.

auf der Krone dieses Bauwerkes. Die gemauerte Befestigung hat eine Höhe von etwa sechs Metern.

Gunter schaut nach unten. Am Fuße des Mauerwerkes verläuft ein Weg. Auf diesem schleppen sich zwei Stücke Schwarzwild langsam voran, offensichtlich mit gebrochenen Gliedmaßen. Daneben steht *Coco*, die Sauen verbellend. Gunter muss eine weite Strecke entlang der Befestigung laufen, ehe er einen Abstieg findet. Endlich unten angekommen, erhalten die beiden Sauen den Fangschuss.

Was war passiert? *Coco* hatte die kranke Sau zusammen mit einem weiteren Stück, das sich offensichtlich noch bei dem angeschossenen Überläufer befand, den Hang herunter über die Krone der Hangbefestigung gehetzt. Beide Sauen sprangen die Mauer herunter, *Coco* hinterher. Der durch die Kugel vom Vorabend bereits verletzte Überläufer brach sich dabei zwei Läufe, die mitflüchtende gesunde Sau den Beckenknochen und das

Nachsuchenteam und Birka mit den abgestürzten Sauen.
© Dr. Gunter Bürgener.

Die beiden abgestützten Überläufer.
© Felix Bürgener

Rückgrat, wie sich später herausstellt. Aber auch *Coco* ist verletzt. Den rechten Vorderlauf kann sie nicht mehr aufsetzen.

Mein Freund Gunter, selbst Tierarzt, hat gute Beziehungen zu einem Humanmediziner. Weil dort die entsprechenden Gerätschaften vorhanden sind, wird bei ihm noch am Abend eine Magnet-Resonanz-Tomographie (MRT) vom verletzten Lauf gemacht. Er ist nicht gebrochen, aber ein Teil der Muskelbänder ist abgerissen. Der Lauf muss stillgelegt, also geschient und gegipst werden. Eine OP ist nicht möglich, weil es sich um mehrere kleine, kurze Bänder handelt. Fest steht aber, dass das Ausheilen mehrere Wochen, wenn nicht Monate beanspruchen wird.

Ersatz muss her! In der Nähe meines Wohnortes lebt ein Hundeführer, der ständig eine Meute von etwa zwölf Hunden unterhält. Die meisten von ihnen sind Kreuzungsprodukte, die für das Stöbern an Sauen bestens geeignet sind. Aus enger Verbundenheit und weil auch ihm immer wieder mal bei Verletzungen seiner Hunde von meinem befreundeten Tierarzt-Ehepaar geholfen wird, ist Willi sofort bereit, uns einen Hund aus seiner Meute für die Hetze zur Verfügung zu stellen. Da seine Hunde alle sehr wildscharf sind und im Hause meiner Freunde, dort, wo *Coco* lebt, auch eine Katze daheim ist (der Drahthaar krümmt ihr übrigens kein Haar), muss der geliehene Hund bei mir unterkommen. Willi, der Meuteführer, lässt mir freie Wahl. Ich soll selbst entscheiden, welcher Hund mir am geeignetsten erscheint.

Mein Auge fällt auf einen Terrier. Er ist größer als ein normaler Jagdterrier, hat eine wunderschöne Kopfzeichnung und einen offenen, klaren, ehrlichen Blick. Ihn wähle ich aus. Er soll vorübergehend meine Schweißhundstation verstärken, soll *Coco* quasi vertreten und dann wieder zurück in seine Meute, in der er bereits sechs Jahre lang gelebt hat. Sein Name ist *Bobby*.

Bobby war bis zu diesem Tag in einer Zwingeranlage mit verschiedenen Boxen daheim, in der je zwei Hunde untergebracht sind. Er ist also den Zwinger gewohnt und mit meinen Schweißhunde-Weibern dürfte das Zusammenleben kein Problem werden. Meine mit beheizbaren Hütten versehene Zwingeranlage liegt ohnehin brach. Ab und zu muss der Nachbar-Dackel, sein Name ist „*Karl*", mal darin verwahrt werden, weil dieser tagsüber von uns betreut wird, wenn sein Besitzer dem Broterwerb nachgehen muss.

Bobby ist ein absolut sozial erzogener Hund. Er verträgt sich normalerweise mit jedem, wenn er nicht provoziert oder angegriffen wird. Er strahlt eine Liebenswürdigkeit aus, die kaum noch zu übertreffen ist.

Mit Terriern bin ich groß geworden. Ich kenne ihre jagdliche Vorteile, aber auch ihre Macken. Ich erinnere mich noch an so manchen Schmiss, den mir unsere Terrier als Kind zugefügt haben. *Bobby* hat aber einen völlig anderen Charakter. Er ist zwar ein Zwingerhund, trotzdem stelle ich schnell fest, wenn er sich bei uns im Haus aufhält, dass er absolut stubenrein ist. Er weiß sich zu benehmen. Aber trotzdem, seine Unterkunft soll unser Zwinger sein, das ist so mit meiner Frau abgemacht und sollte für ihn auch die geringere Umstellung sein.

Bobby lebt sich schnell ein. Seine Kumpel sind jetzt die beiden Schweißhündinnen, mit denen er sich gut versteht, besonders mit der jungen zweijährigen Hündin *Diana aus dem Sickinger Land. Birka* ist nicht so erfreut über den Neuzugang, aber sie akzeptiert ihn. Nur wenn er ihr mal zu sehr „im Wege" steht, knurrt sie ihn an oder versetzt ihm einen kleinen Hieb. Es kommt aber nie zu einer wirklichen Konfrontation.

Wir haben den 1. Mai, Aufgang der Bockjagd. Kaum sind die ersten Schüsse gefallen, werde ich auch schon zur Nachsuche auf einen Rehbock

gerufen. Die weitaus größte Anzahl aller Nachsuchen auf Rehe endet mit einer Hetze. Deshalb ist hierbei der Loshund besonders gefragt. Auch das Hetzen von krankem Wild muss gelernt sein. Ich habe noch nie einen Hund erlebt, bei dem die Sache mit der Hetze sofort richtig klappte. Auch hier spielt Erfahrung eine ganz entscheidende Rolle. Was war das doch zu Anfang, als wir *Coco* für meine zu früh verstorbene DD-Hündin *Zola* einsetzen mussten, für eine Quälerei.

Coco hetzte meist etwa 300 Meter weit und brach dann die Verfolgung ab, wenn sie auf diese Distanz das Stück noch nicht eingeholt hatte. Aber mit zunehmenden Einsätzen erkannte sie schnell, dass sie auch bei weiteren Fluchtstrecken zum Erfolg kommen kann. Heute ist es so, dass sie an einem kranken Stück sowohl über weite Entfernungen als auch über eine lange Zeitdauer dranbleibt und anhaltend stellt. Aber wie gesagt, das macht die Erfahrung. Und Erfahrung kann man nicht andressieren, Erfahrung bekommt jedes Lebewesen nur durch wiederholtes Erleben.

Es ist der 2. Mai. Am Abend zuvor wurde einige Kilometer von meinem Wohnort entfernt ein Rehbock beschossen. Er kam, nachdem er im Feuer kurz zusammengebrochen war, nach Sekunden wieder auf die Läufe und verschwand in der angrenzenden Dickung. Felix und ich fahren mit *Birka* und *Bobby* zum Anschuss. Dort ist kaum Schweiß zu finden, aber *Birka* untersucht intensiv mit ihrer Nase die Stelle, an der der Bock die Kugel erhalten hat. Alles deutet auf einen Krellschuss hin.

Krellschüsse sind in aller Regel für den Hund schwerer zu riechen als etwa Laufschüsse. Grundsätzlich kann man sagen, dass alle hohen Schüsse immer schwerer zu riechen sind als Schüsse am unteren Körperrand. Alleine am Verhalten des Hundes kann ich meist auf die

Lage des Körpertreffers schließen. Wenn die Hündin vom Anschuss an schon große Schwierigkeiten zeigt, die Fährte aufzunehmen, deutet das meist auf einen hohen Schuss hin. Hier spricht zudem auch das Zeichnen des Bockes für einen Krellschuss.

Meter für Meter buchstabiert *Birka* die Fluchtfährte aus. Hier und da erkenne ich an hohen Grashalmen etwas abgestreiften Schweiß. Wir kommen relativ langsam, aber stetig weiter. In dem stark kupierten Gelände nimmt *Birka* plötzlich die Nase hoch. Ihre Behänge wölben sich nach vorn. Ich weiß nun den Bock unmittelbar vor uns. *Birka* gibt am Riemen Laut. Das ist der Moment, in dem der Loshund, der von Felix unmittelbar hinter mir geführt wird, zum Einsatz kommt.

Bobby schießt nach vorn. Augenblicke später hören wir seinen Hetzlaut, der aber schnell hangaufwärts verhallt. Ich habe den Empfänger meines Ortungsgerätes in der Hand, kann so den Hetzweg genau verfolgen. Felix, ebenfalls mit einem Empfänger für die Satellitenortung des Hundes ausgerüstet, läuft der Fluchtrichtung nach. Ich begebe mich zurück zum abgestellten Fahrzeug, um damit gegebenenfalls der Laufstrecke des Hundes zu folgen.

Bobby habe ich in der Ortung. Er befindet sich etwa 600 Meter Luftlinie entfernt. Er bewegt sich noch. Das kann ich auf meinem Gerät gut erkennen. Dann ist plötzlich der Signalkontakt abgebrochen. Der Hund ist wie vom Erdboden verschluckt.

Dass dies tatsächlich so ist, erfahre ich kurze Zeit später. Ich stehe am letzten Signalpunkt, der mir im Gerät genau angezeigt wird. Dann ruft plötzlich Felix etwa 50 Meter entfernt aus dem angrenzenden Fichtenstangenholz: „Der Hund ist hier in einem Dachsbau!“ Im gleichen Moment verlässt ein dicker Dachs sein Röhrensystem und flieht hangaufwärts. *Bobby*s Laut ist noch aus den unterirdischen

Katakomben zu vernehmen. Mein Gott, hoffentlich bleibt der doch recht große Hund nicht darin stecken!

Wir rufen. Lange Zeit herrscht jetzt Stille in der Unterwelt. Dann ein Geräusch aus einer der Einlassröhren. Langsam schiebt sich ein großer braun-roter Klumpen, der einem Hund nur annähernd ähnelt, ans Tageslicht. Es ist *Bobby*. Von vorn bis hinten ist er mit einer dicken Lehmschicht bedeckt. Am Kopf aber leuchtet es rot. Blut läuft aus seinem Fang. Seine ganze vordere Körperhälfte ist bereits rot verfärbt.

Ich packe mir den Rüden. Nur jetzt nicht noch dem geflohenen Dachs folgen. Ich weiß gar nicht, wo ich den Kämpfer anfassen kann. Sein gesamter Körper ist verschmiert. Mein Auto steht nicht weit weg. Dort habe ich einen Kanister mit klarem Wasser. Felix und ich befreien

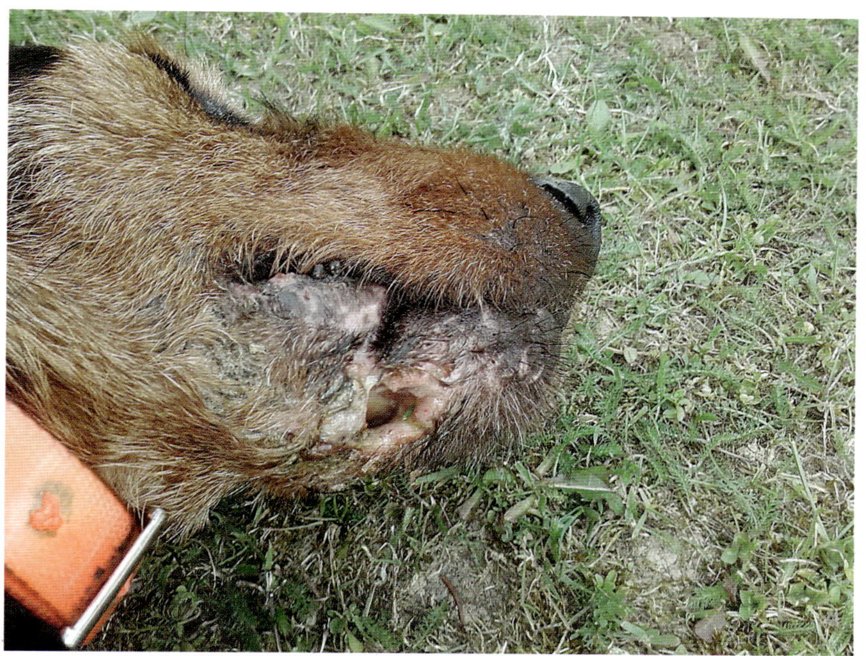

Verletzung der Lefzen durch den Dachs.

den Hund, so gut es eben geht, von all dem blutgetränkten Lehm. Die rechte Lefze hängt total herunter. Der Unterkiefer liegt völlig frei. Auch die beiden Vorderpfoten bluten. Wie sich später herausstellt, sind beide vom Dachs durchbissen worden.

Wir fahren nach Hause zur tierärztlichen Versorgung. Den Bock haben wir nicht mehr zur Strecke bringen können.

Da ich in den kommenden Tagen viel unterwegs bin, kümmert sich überwiegend meine Frau um den verletzten Hund. Er sieht schlimm aus. Annähen kann man die Lefze nicht. Sie muss permanent gespült und auch Antibiotika verabreicht werden. *Bobby* bedarf einer intensiven Pflege. Das geht, nach Ansicht meiner Frau, überhaupt nicht, wenn der Hund im Zwinger liegt. Also zieht *Bobby* um zu uns in die Wohnung.

Gabi versorgt ihn mehr als fürsorglich. Zur Jagd einsetzen können wir ihn jetzt natürlich nicht mehr. Momentan haben wir zwei nicht einsatzfähige verletzte Hunde. *Bobby* wird gepflegt, verhätschelt und verwöhnt! Sein Heilungsprozess verläuft sehr gut. Es entwickelt sich eine große Liebe zwischen meiner Frau und diesem „unadligen" Jagdhund. Er ist auch wirklich ein außerordentlich liebenswerter Zeitgenosse! Seine Sauberkeit ist bemerkenswert. Nie hat er auch nur einen Tropfen im Haus abgesetzt.

Auch die Verwundung unserer *Coco* bessert sich zunehmend. Hin und wieder wird die Schiene an ihrem Vorderlauf gewechselt. *Coco* hat Glück, der Hund eines Tierarzt-Ehepaares zu sein. Ihre gesundheitliche Versorgung kann nicht besser sein.

Bobby wird nun mittlerweile auch schon sechs Wochen lang von mir und vor allem meiner Frau gepflegt. Wenn er wieder gesund ist, die Wunden richtig ausgeheilt sind, soll er zu seinem Besitzer zurück. Ich

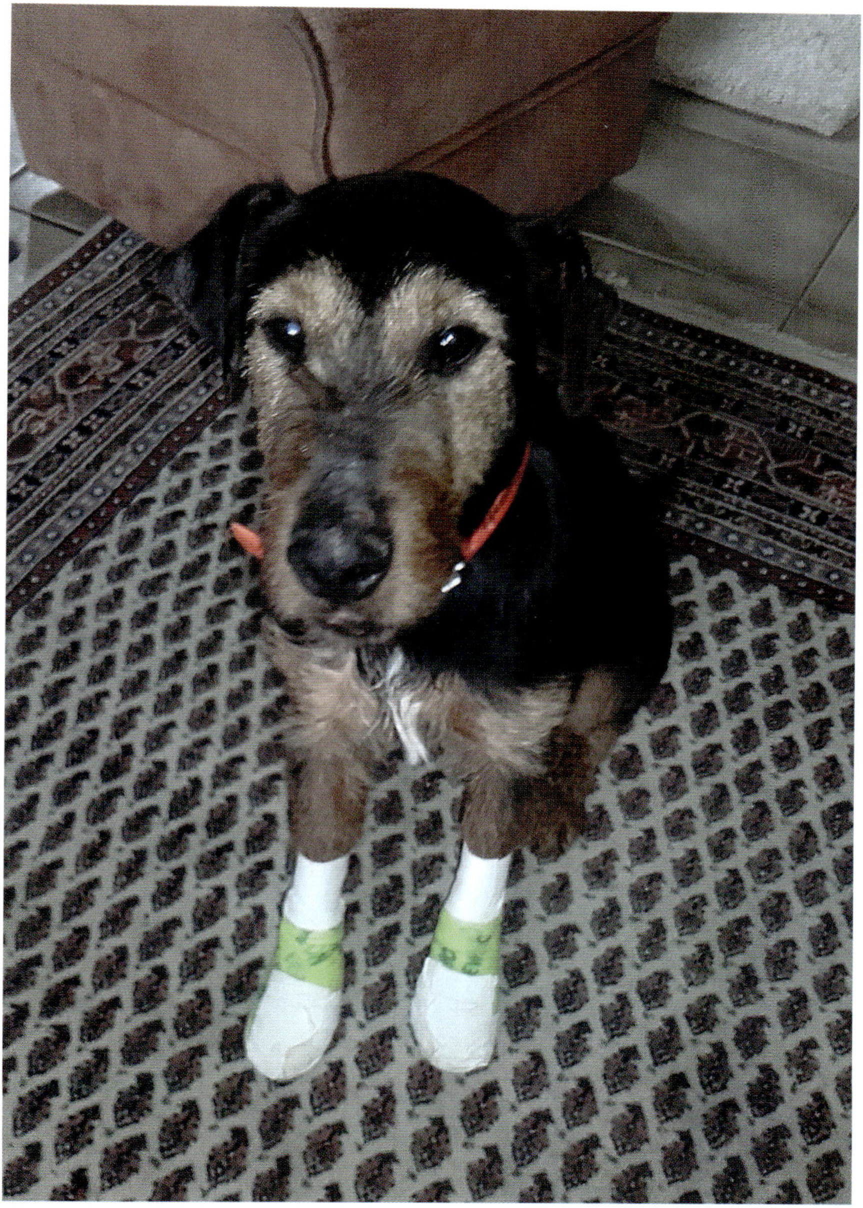

Bobby mit verletzten Vorderläufen

merke, wie diese anstehende Rückgabe gerade für meine Frau zu einer Horrorvorstellung wird. Immer wieder plädiert sie dafür, dass *Bobby* doch ganz bei uns bleibt. „Nein", entgegne ich, „das können wir dem Besitzer gegenüber nicht machen. Wir haben den Hund nur ausgeliehen und wir können ihn deshalb jetzt nicht über längere Zeit hierbehalten!"

Es gibt natürlich in diesen Wochen auch die eine oder andere Begegnung mit Willi, dem Meutehundbesitzer. Selbstverständlich kümmert auch er sich um den verletzten Hund. Er erkennt aber auch, wie gut er bei uns versorgt wird. Bei diesen Begegnungen bleibt auch die Zuneigung meiner Frau für den doch so wunderschönen vierbeinigen Kämpfer dem Besitzer nicht verborgen.

Bobby ist schließlich komplett wiederhergestellt. Meine beiden Hündinnen werden gleichzeitig heiß. Ich muss zu allem Überfluss auch noch ein paar Tage ins Krankenhaus. Das ist der Tag, den insbesondere meine Frau, aber auch ich, vor uns hergeschoben haben.

Bobby ist mittlerweile gewohnt, dass er morgens seine „Leberwurstbrot-Reiterchen" bekommt, genau wie die beiden Hannoverschen Schweißhündinnen. In unserem großen eingezäunten Grundstücksareal kann er sich den ganzen Tag frei bewegen. Morgens und abends jagt er Füchse, die regelmäßig in unseren Garten gelangen. Aber auch die Eichhörnchen sind vor ihm nur sicher, wenn sie schnell genug die Bäume hochkommen.

Jetzt darf er zurück in seine angestammte Heimat zu seiner Meute. Ich fahre ihn dorthin. Meiner Frau laufen schon zu Hause ein paar Tränen über die Wangen. Auch ich verabschiede mich schnell und muss mir selbst eingestehen: Ich habe mich an den kleinen Racker sehr gewöhnt, obwohl er ja jagdlich bei mir noch nicht viel zeigen und leisten konnte. Aber ich bin auch zufrieden, dass er letztlich dorthin zurückkehren kann, wo er seine Heimat und seine Kameraden hat. Doch ich sollte mich getäuscht haben …

Nach einer guten Woche, gerade selbst aus dem Wundbett hochgeworden, ruft mich *Bobby*s Herrchen Willi an: „Was habt ihr mit dem Hund gemacht? *Bobby* frisst nicht mehr, *Bobby* will partout nicht mehr in den Zwinger. Der Hund wird immer dünner!"

Ich entgegne: „Willi, ich glaube, ich komme noch mal vorbei, wir müssen reden!" Gesagt, getan. Noch am gleichen Nachmittag fahren meine Frau und ich in den Nachbarort Mannebach zum Rüdenbesitzer.

Welch eine Freude bei *Bobby*. Er sieht uns, stürmt auf uns zu und mit einem Satz ist er in meinem Auto, an dem ich die Tür noch habe offen stehen lassen. Dort sitzt er und will das Fahrzeug nicht mehr verlassen. Willi, der das Ganze beobachtet und seinen Hund wahrscheinlich am Besten versteht, meint: „Ich sehe, wie sehr ihr an diesem Tier hängt. Ich habe die Tränen in deinen Augen gesehen, als du ihn zurückgebracht hast. Ich weiß auch, wie gut der Hund es bei euch hat und wie sehr er sein neues Leben hier vermisst. Nehmt *Bobby* mit zu euch, aber versprecht mir, dass ich ihn dann, wenn ich ihn einmal dringend zur Jagd brauche, ausleihen kann."

Dieses Versprechen habe ich ihm gegeben. Er hat mir den Hund nicht verkauft, ich habe aber eine Spende für alle seine anderen Hunde bei ihm gelassen. Manche Menschen lernt man erst in bestimmten Situationen richtig kennen. Hier erkannte ich, wie sehr dieser Mann um das Wohl seiner Hunde bemüht war und wie sehr er sein eigenes Interesse zum Wohle der Jagd und des Wildes zurückstellte. Willi wusste, dass dieser Hund ab jetzt seine Mithilfe in einer Schweißhundstation besser zur Geltung bringen konnte. Schweißarbeit ist letztlich „Rotkreuzdienst" am Wild.

So wurde *Bobby* nun Bestandteil unseres Nachsuchen-Teams. Leider war sein Leben bei uns nicht von langer Dauer. Knappe zwei Jahre hat er uns nicht nur unterstützt, sondern auch sehr viel Freude bereitet. Er wurde und war der Hund unseres Herzens. Nie habe ich einen so bescheidenen und sozialen Hund in meiner Umgebung erlebt wie unseren *Bobby*.

Je größer die Liebe zu einem Lebewesen ist, umso stärker ist der Schmerz, wenn man es verliert. Es sollte eigentlich gar kein Einsatz werden an diesem Samstagmorgen Anfang Januar 2019. Felix will noch mal an einer kleinen Drückjagd in der Nachbarschaft teilnehmen. Er soll als Treiber fungieren und bittet, unseren kleinen Racker mitnehmen zu dürfen. Mehrfach hat er so dem passionierten Terrier schöne Jagdtage bereitet. Jetzt, wo die Jagdsaison fast am Ende ist, gönne ich unserem Herzblatt noch mal einen wunderbaren Jagdeinsatz.

Ich selbst gehe im Januar nicht mehr zu Drückjagden, weil solche Jagden der Winterruhe unserer wiederkäuenden Schalenwildarten abträglich sind. Ich weiß aber auch um die Nöte mancher Revierinhaber angesichts der umgebrochenen Wiesen oder des noch nicht erfüllten Abschussplanes. Ich werde mittags zur Jagdgesellschaft stoßen, um eventuell anstehende Nachsuchen durchzuführen.

Gegen 12:30 Uhr bin ich am vereinbarten Treffpunkt, wo die Strecke gelegt wird. Ich treffe Felix. *Bobby* fehlt. Der junge Mann berichtet mir, dass er den Hund bereits kurz nach dem Schnallen aus dem Ortungsgerät verloren hat. Seit 10 Uhr sendet sein Halsband keine Signale mehr.

Anstelle von Wild beginne ich jetzt unseren kleinen Jagdfreund zu suchen. Wir fahren viele Wege und Straßen ab. Nirgendwo erreicht uns ein Signal. Der Tag neigt sich dem Ende zu, allmählich wird es dunkel

und wir haben *Bobby* immer noch nicht gefunden. Für mich gibt es nur zwei Erklärungen: Entweder ist das Sendehalsband ausgefallen oder der Hund sitzt an einer Stelle, von der es keine Funksignale senden kann, nämlich in einem Dachsbau.

Ich hatte vor der Jagd, als Felix *Bobby* abgeholt hat, noch die Funktion des Garmingerätes überprüft. Es war geladen und sendete einwandfrei. Daher halte ich es für sehr wahrscheinlich, dass dieser doch recht große Terrier in einem Bau sitzt. Hoffentlich hat er sich dort nicht verfangen, denn er hat auch noch eine Signalweste an. Am Abend brechen wir erst einmal die Suche ab. Zu Hause lässt mir sein Fehlen aber dann doch keine Ruhe. Um 22 Uhr fahre ich noch mal in den Wald. Aber nach wie vor kein Signal.

Für Sonntagmorgen haben wir eine Suche vereinbart. Wir wollen in dem Bereich, aus dem die letzten Funksignale gesendet wurden, nach einem Dachsbau suchen. Um 9 Uhr sind meine Tochter Christina, ihr Freund Tim, Felix, Vox und ich am Ausgangspunkt der Suche. Just in dem Moment erreicht mich ein Anruf auf dem Handy mit den Worten: „Suchen Sie einen Hund?“ Dieser Satz ist wie eine Erlösung. Die Dame am anderen Ende der Leitung hat meinen Hund, an dessen Halsung und Weste meine Rufnummer notiert ist.

„Der Hund sitzt bei mir vor der Haustür“, erfahre ich im weiteren Gespräch. Der Ort liegt etwa drei Kilometer von unserem momentanen Standort entfernt. Ich fahre sofort hin und sehe meinen *Bobby* wieder. Er ist völlig verdreckt. Mit Lehm und Blut verschmiert. Die vordere Hälfte des Kopfes sieht schlimm aus. Aber der Hund lebt und freut sich, als er mich wiedersieht.

Glücklich fahren wir nach Hause. *Bobby* wird gewaschen und tierärztlich versorgt. Er bekommt Antibiotika verabreicht und findet

seinen Platz erst einmal auf dem Sofa, eingehüllt in eine wärmende Decke. Alles scheint gut!

Aber der Schein trügt. Bereits am nächsten Tag verweigert *Bobby* das Fressen. Seine Müdigkeit schreiben wir der enormen Anstrengung zu, die er offensichtlich im Bau beim Kampf mit dem Dachs erlitten hat. Als er aber nach zwei Tagen immer noch keine feste Nahrung zu sich nimmt, wird der kleine Rüde noch mal eingehend untersucht. Ein Blutbild zeigt sehr schlechte Werte der Niere und auch der Bauchspeicheldrüse. Der Hund bekommt ab jetzt Infusionen. Vier Tage hängt er am Tropf.

Keine Besserung. Ein erneutes Blutbild zeigt noch schlechtere Werte. Mit kalorienhaltiger Paste versuchen meine Frau und ich zumindest die Körperfunktionen aufrechtzuerhalten. *Bobby* wehrt sich dagegen. Er wird von Tag zu Tag dünner. In der zweiten Woche bricht er in regelmäßigen Abständen Galle. Seine Lebensgeister verlassen ihn zunehmend.

Ich nehme ihn, wo immer es hingeht, im Auto mit. Bei einer dieser Revierfahrten sehen wir ein kleines Rudel Hirsche, das vor unserem Fahrzeug den Weg quert. Plötzlich sind die Lebensgeister wieder da! *Bobby* möchte am liebsten den Hirschen folgen, will durchs Fenster des Autos dem Wild hinterher. Aber dies ist nur noch mal ein Aufbäumen seiner Jagdpassion.

Am nächsten Tag, es ist Montag, der 22. Januar, steht er nicht mehr auf. Meine Frau nimmt ihn noch mal mit in ihrem Auto zum Einkaufen. Dabei übergibt er sich zweimal im Fahrzeug. Ich bin zu dieser Zeit mit *Diana* im Einsatz. Wir suchen einen starken Hirsch, der am Vorabend beschossen wurde. Nach 1,5 Kilometer langer Riemenarbeit mit nur einer einzigen Schweißbestätigung und einer

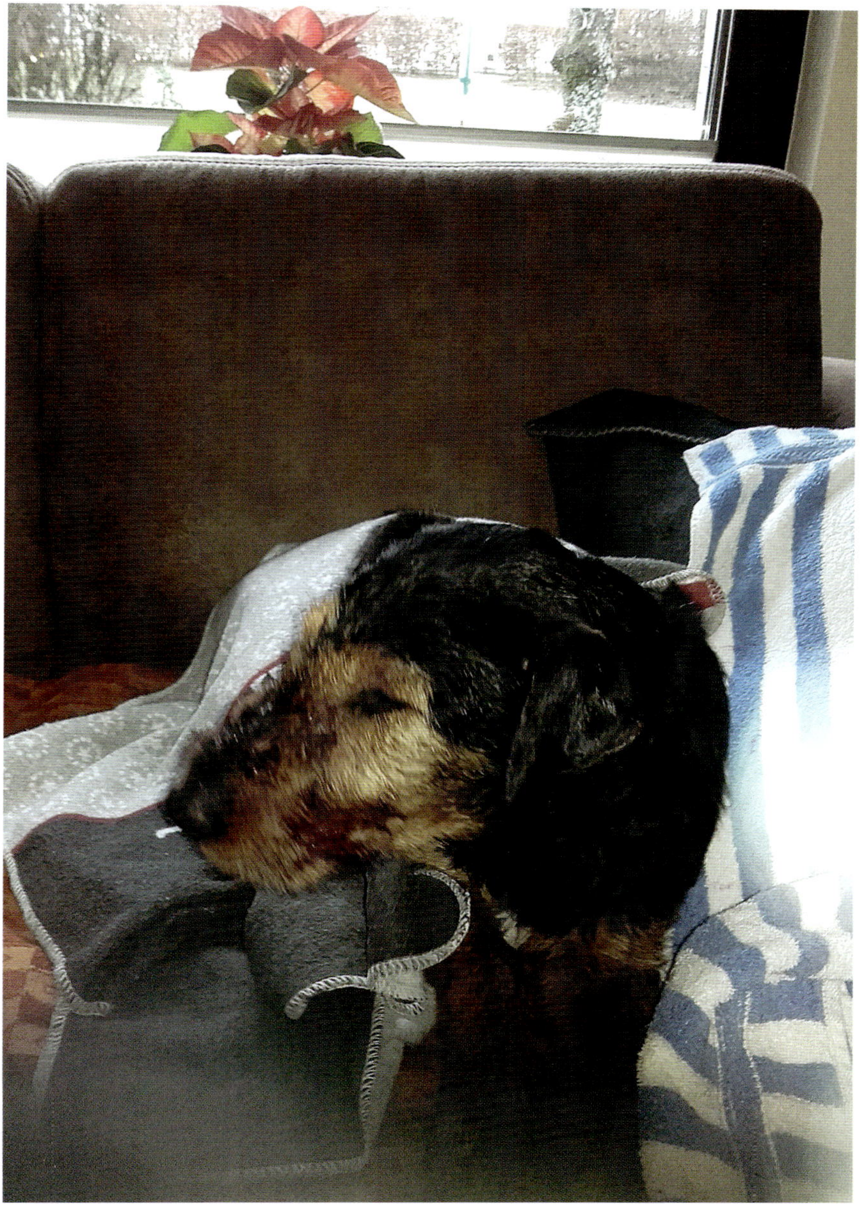

Bobby nach seinem letzten Kampf im Bau.

300 Meter langen Hetze bringen wir den Hirsch vor dem stellenden Hund zur Strecke. Für einen Schweißhundführer ein Höhepunkt im Nachsuchengeschehen.

Als wir nach Hause kommen, sehen wir ein kleines Häufchen Elend auf seinem Kissen liegen. *Bobby*s Kräfte gehen zu Ende. Gunter, mein Freund und Begleiter bei vielen Nachsucheneinsätzen, verkürzt in den frühen Abendstunden den Leidensweg unseres so geliebten kleinen Rackers. Selten haben wir um einen unserer Hunde so getrauert wie um dieses kleine Herzblatt. Er war zwar nicht von blauem Blut, aber er war ein großes Stück Gold, das wir leider nur für knappe zwei Jahre besitzen durften. Seinen Platz hat er nun für immer neben der großen „*Kira*", meiner so erfolgreichen HS-Hündin, in unserem Garten gefunden.

DER RITT AUF DEM KEILER

Es ist noch nicht so lange her, da stand wieder einmal eine Nachsuche auf eine stärkere Sau an, ganz in der Nähe, nur einige Kilometer von meinem Wohnort entfernt. Am Vorabend hatte der Revierinhaber, ein Jäger, dessen Heimat im benachbarten Ausland liegt, am Rande eines Maisfeldes einen Keiler beschossen. Mit dem eigenen bzw. mit dem Hund seines Mitjägers wurde noch in der Nacht eine Nachsuche versucht.

Ich wundere mich immer wieder, wie viele jagdausübende Menschen bei Dunkelheit beschossenem Wild nachstellen. Selbstverständlich berge auch ich, wenn ich ein Stück Wild beschossen habe und alle Pirschzeichen nach einer kurzen Todesflucht aussehen, dieses Stück noch am Abend. Wir wollen ja das hochwertige Lebensmittel nicht verderben lassen. Dieses Bergen bezeichne ich nicht als Nachsuche.

Das mache ich als verantwortungsbewusster Jäger allerdings nur, wenn alle Zeichen eindeutig auf eine kurze Flucht mit unmittelbarer Todesfolge hinweisen. Immer dann, wenn für mich die Schusszeichen unklar oder schlecht sind, kann und darf ich bei Dunkelheit keine Suche anfangen. Die Gefahr, ein krankes Stück aus dem Wundbett aufzumüden und damit eine spätere Nachsuche unnötig zu erschweren, ist sehr groß.

Darüber hinaus sollte auch die Verletzungsgefahr für den Jäger nicht auf die leichte Schulter genommen werden. Gerade wehrhaftes

Schwarzwild nimmt den Menschen häufig an, wenn es sich zu sehr geschwächt für eine weitere Flucht fühlt. Aber auch die Gefahr von Verletzungen durch Geländeausformung oder durch Bewuchs ist in der Dunkelheit nicht zu unterschätzen. Ganz zu schweigen von der Situation, wenn der geschnallte Hund in die Nacht hinein ein verletztes Stück verfolgt und gegebenenfalls noch ein Fangschuss angebracht werden muss. Wie soll da sicher die Umgebung beobachtet werden? Allein aus diesen Gründen verbietet sich eine nächtliche Nachsuche, selbst auf die Gefahr hin, dass das beschossene Stück doch verendet, verhitzt oder angeschnitten wird.

In dem hier geschilderten Fall war es so, dass am späten Abend der Hund eingesetzt wurde, obwohl keine Pirschzeichen zu finden waren. Erfolglos. Der Schütze war sich aber sehr sicher, getroffen zu haben. Also tat er schließlich das, was viele Jäger leider viel zu häufig nicht tun: Er rief einen versierten Hundeführer mit einem erfahrenen Schweißhund, um die Situation professionell analysieren zu lassen.

So stehe ich am folgenden Morgen mit meinem Helfer Felix und unseren Hunden, der erfahrenen HS-Hündin *Birka* und als Loshund dem Deutsch-Drahthaar *Coco,* im Bereich des vermeintlichen Anschusses, um festzustellen, ob das Stück überhaupt getroffen wurde und wohin die eventuelle Fluchtfährte führt.

Birka untersucht mit tiefer Nase jeden Quadratzentimeter. An einer Stelle stupst sie ihr sensibles Riechorgan fest in das Erdreich. Ich kenne das genau! Sie riecht etwas, das vom Wild stammt. Sie verweist es! Ich richte meine Blicke auf diese Stelle. Ja, tatsächlich! Hier liegen fein verteilt ein paar Borsten. Borsten ohne Wurzel. Sie sind mit dem bloßen Auge kaum zu erkennen. Der Hund kann sie aber riechen und zeigt mir durch sein intensives Bewinden diesen Fund an.

Borsten ohne Wurzeln sind wichtige Pirschzeichen. Sie sagen vieles aus! Alle Haare oder Borsten am Wildkörper haben ein unterschiedliches Aussehen. So sind Borsten im oberen Bereich des Wildkörpers immer länger, derber und dunkler. Je weiter man am Wildkörper nach unten geht, desto kürzer, weicher und meist heller werden die Borsten. Interessant sind grundsätzlich nur die Borsten, die keine Wurzel mehr aufweisen, denn diese sind durch die Stanzwirkung des Geschosses abgeschnitten worden. Sie werden deshalb von Jägern als Schnittborsten bezeichnet.

Günter Bürgener mit Loshund Coco.

Am Anschuss finde ich zuerst diese wenigen Schnittborsten. Sie sind kurz und weich. Je länger ich die Stelle am Boden mit den Augen ableuchte, umso mehr – wenn auch zum Teil sehr winzige – andere Pirschzeichen kommen hinzu. Fein verstreut entdecke ich ein paar kleine Wildbretteilchen und ein paar Meter weiter dann das sicherste Zeichen zur Analyse der Verletzungsart: einen kleinen, harten, scharfkantigen Knochensplitter! Schweiß ist erst mal kaum vorhanden. Die Diagnose ist damit eindeutig: Es handelt sich um einen Laufschuss! Jetzt dürfen wir uns auf eine weite „Reise“ einstellen.

Das Gelände ist nicht gerade einfach zu durchqueren. Ein sehr tiefer, steiler Graben – mit Schwarzdorn bestockt – schließt sich gleich an der Südseite des Maisackers an. Hierhin ist die beschossene Sau geflüchtet. *Birka* zeigt die mit wenig Schweiß versehene Fährte deutlich an.

Ihr Verhalten ist bei der Riemenarbeit besonders ausdrucksstark. Wenn sie nasenmäßige Verbindung zu einer Krankfährte hat und ich sie über den Schweißriemen zum Halten auffordere, bleibt sie stehen wie ein Bock. Diese Führungsmethode ist von mir mit meinen Hunden einstudiert und wurde im Übrigen von allen meinen Schweißhunden beherrscht. Sie wurde, nachdem wir – der große Gebrauchshundeführer und Deutsch-Drahthaarzüchter Uwe Tabel und ich – in den Achtzigerjahren diese Führungsmethode entwickelt und veröffentlicht hatten, auch in den Fachmedien viel diskutiert. Heute ist diese Arbeitsweise mit meinen Hunden für mich so selbstverständlich und in Fleisch und Blut übergegangen, dass ich mir gar keine andere Methode mehr vorstellen kann. So sagt mir mein Hund unzweifelhaft, dass wir richtig sind.

Ich weiß, dass wir jetzt eine lange Suche vor uns haben. Gunter, mein befreundeter Tierarzt und Helfer bei vielen Nachsuchen, ist gerade ganz

in der Nähe auf Praxisfahrt. Wenn ihm bekannt ist, dass ich oder Felix in der Nähe im Einsatz sind, hat er seine Nachsuchenutensilien immer dabei. Felix ruft ihn an und es dauert keine halbe Stunde, bis sich Gunter zu uns durchgeschlagen hat. Jetzt zu dritt ändern wir unsere Nachsuchentaktik. Felix führt nun *Birka* am Riemen, begleitet von Gunter mit *Coco*. Ich ziehe mit dem Schützen das Auto nach, sodass wir immer in der Nähe des Nachsuchenteams bleiben.

Im Auto befindet sich auch noch unsere „Geheimwaffe“: *Bobby*, der Heideterrier. *Bobby* ist ein Hund mit zwei Gesichtern. So ruhig, folgsam und bescheiden er sich zu Hause gibt, so zeigt er im Wald ein vollkommen anderes Gesicht. Er ist schwierig nachzuführen. Er hat es als junger Hund eben nicht gelernt. Die Führerleine ist für ihn ein Foltergerät. Als Meutehund war er gewohnt, wenn überhaupt, nur kurze Zeit am Strick gehalten zu werden. Dann erfuhr er die große Freiheit und konnte jagen, jagen, jagen!

Ihn als Loshund nachzuführen, ist alles andere als vergnügungssteuerpflichtig. Das unentwegte Wimmern und Kläffen geht einem nicht nur auf die Nerven, sondern es warnt das verfolgte Stück Wild, bevor wir den Wundkessel oder das Wundbett erreichen. Daher habe ich das Nachführen mit ihm vorläufig eingestellt und bringe ihn nur im Fahrzeug nach bzw. ein Helfer bei der Nachsuche übernimmt diese Aufgabe.

Wie ich bereits am Anschuss vermutet habe, führt die Fährte durch die ersten wirklich guten Deckungsstücke, über Wiesen, Felder und Hochwald etwa drei Kilometer weiter. Der Schütze hat ein absolut geländetaugliches Allradfahrzeug, in das ich mit *Bobby* umsteige. Uns gelingt es dadurch immer, sehr nahe an den Riemenarbeitern zu sein. Schwarzdornpartien bieten stets gute Deckungsmöglichkeiten, die gerade von Sauen gerne als Verstecke genutzt werden.

Von der Fluchtentfernung könnten wir mittlerweile in einen Bereich vorgedrungen sein, in dem sich die laufkranken Sauen erfahrungsgemäß stecken. Ich postiere mich an jeder möglichen Deckung stets auf dem Rückwechsel. Aus der Erfahrung vieler Hunderte von Nachsucheneinsätzen auf Sauen weiß ich, dass etwa 80 Prozent aller Stücke, die aus einem Wundkessel flüchtig werden, den Rückwechsel annehmen.

Deshalb postiere ich, wenn wir nur einen Vorstellschützen zur Verfügung haben, diesen immer am Einwechsel des kranken Stückes. Ausnahmen werden nur dann gemacht, wenn es gilt, aus Gründen der Verkehrssicherheit Straßen oder ähnliches zu sichern.

Aus dem Wald heraus führt *Birka* das Nachsuchenteam in einen angrenzenden Maisacker. Ich flankiere auf der westlichen Seite, kann aber das Gespann nicht sehen. Ich höre, wie *Birka* plötzlich am Riemen Laut gibt. Gunter schnallt *Coco*. Diese hetzt auf der anderen Seite aus dem Maisfeld heraus, für mich nicht einsehbar.

Schnell verklingt der Hetzlaut des Drahthaars im Tal. Ich kann den Fluchtweg über mein Ortungsgerät gut verfolgen. Im Display sehe ich genau, wohin *Coco* den kranken Schwarzkittel verfolgt. Wegen der mittlerweile großen Entfernung ist der Laut nicht mehr zu hören. Auf etwa 1,2 km Entfernung lässt sich ablesen, dass der Hund sich nicht mehr weiter weg bewegt.

Ich springe in das Geländefahrzeug des Schützen. Mit *Bobby* geht es über Stock und Stein in Richtung meiner letzten Ortung. Der Laut ist, als wir in der Nähe angekommen sind, aus einem mit Eichen bestandenen Steilhang zu hören. Unterhalb verläuft hangparallel ein Holzabfuhrweg. Auf diesem fahren wir so weit, bis ich glaube, auf Höhe des Standlautes angekommen zu sein. Ich springe aus dem Fahrzeug. Oberhalb im Hang der tiefe Laut der Hündin.

Weil einiges an Gesträuch die Sicht versperrt, klettere ich durch das Strauchwerk eine Böschung hoch. Dort erkenne ich auf etwa 80 Gänge Sau und Hund. Die Sau ist etwa doppelt so groß wie die Drahthaarhündin. Vermutlich ein etwa dreijähriger Keiler. Immer wieder macht die Sau Ausfälle in Richtung Hund. *Coco* weicht gekonnt aus. Es ist aber für mich zu weit und unsicher, um einen gezielten Schuss abzugeben.

Keiler und Hund bewegen sich längs im Hang von mir weg. Ich kann so schnell nicht folgen und springe deshalb wieder nach unten auf den Hangweg zum Fahrzeug. Wir rollen noch mal etwa 200 Meter weiter. Dann befinden wir uns wieder unterhalb des Bail. Jetzt wird die „Geheimwaffe" zum Einsatz gebracht. Schon die ganze Zeit hat *Bobby* fast das Innenleben des Geländefahrzeuges zerfleddert. Er hört ja auch den Laut von *Coco* und ist außer sich.

Die Tür wird geöffnet und wie ein Pfeil zischt *Bobby* nach oben. Aus seiner Meutearbeit kennt er das „Sich-Zuschlagen" genau. Oben im Hang ein Tumult. Ich kann die Stelle nicht einsehen, weil Dornenbüsche die Sicht versperren. Ich kämpfe mich nach oben. *Bobby* hat sich vorn am Unterkiefer des Keilers festgebissen. Er lässt nicht mehr los. Jetzt fasst auch *Coco* zu. Ich habe keine Chance, einen Schuss abzugeben, ohne die Hunde extrem zu gefährden. Ich muss aber auch aufpassen, dass der Keiler mich nicht wahrnimmt. Jede Sau, die beim Stellen den Menschen erblickt, nimmt diesen sofort an, egal wie viele Hunde an ihr hängen. *Bobby* allein kann den Keiler nicht halten, *Coco* fasst nicht konsequent genug zu.

Ich ergreife selbst die Flucht nach unten auf den Weg zu unserem Fahrzeug. Der Schütze steht neben dem Geländewagen. Kaum bin ich dort, taucht auch schon der Keiler oberhalb des Weges mit den beiden rechts und links flankierenden Hunden an der Böschung auf. Wir springen hinter das Fahrzeug, müssen darauf achten, dass dieses sich zwischen uns und dem jetzt zum Angriff bereiten Keiler befindet. An Schießen ist nicht zu denken.

Unterhalb des Weges ist die Böschung bis hin zu einem kleinen Bach wieder mit Schwarzdorn bewachsen. Nachdem die Sau uns nicht erreichen kann, biegt sie nach unten ab, verlässt den Weg und taucht mit den Hunden im Dornenverhau unter. Hier geht's zur Sache. Terrier und Drahthaar attackieren gemeinsam das Schwein. Meine Sorge gilt jetzt vor allem ihnen. *Bobby* hängt nach wie vor am Kiefer der Sau. Sie wird jetzt am Bachlauf von den Hunden „gebunden".

Noch einmal versuche ich, in der Hecke an den Bail heranzukommen, sehe aber schnell ein, dass dies für mich äußerst gefährlich werden kann. Deshalb muss ich wieder rückwärts aus der Hecke raus. Draußen steht Alfred, mein ausländischer Schütze. Er beobachtet das Ganze, kann aber, so glaube ich, die Situation nicht so richtig einordnen.

Der Bail bewegt sich durch den Bachlauf nach oben, dorthin wo die Hecke endet. Alfred und ich laufen um den Dornenbusch. Im Bachbett taucht der Keiler mit den Hunden auf. Die Sau, schon sichtlich erschöpft, steht im Wasserlauf, noch immer von meinen Kämpfern gehalten. Was sollen wir tun?

Die einzige Möglichkeit, die Sache ohne Gefahr für die Hunde zu beenden, ist, das kranke Stück mit dem Messer abzufangen. Dafür müssen wir aber sicher sein, dass der Keiler beim Herantreten nicht einem von uns in die Beine fährt.

Welche schweren Verletzungen dadurch entstehen können, habe ich am eigenen Leibe vor Jahren erfahren müssen. Auch meine Loshundführer, ich nenne sie „Spanmänner", sind schon erheblich verletzt worden. Jedes Mal landeten wir im Krankenhaus. Bei uns ist das damals noch

Erfolgreich! Eine Sau ist gestreckt! HS-Hündin Diana mit einem erlegten Überläufer.

glimpflich ausgegangen. Aber kürzlich war in der Jagdpresse zu lesen, dass ein Jäger durch einen Keiler, dem er nach Schussabgabe nachgegangen war, tödlich verletzt wurde.

Jetzt gibt es keine andere Wahl. Ich sage zu Alfred: „Spring auf die Sau und halte sie an den Tellern fest, dann kann ich sie von der Seite her mit dem Waidblatt abfangen." Kaum habe ich das gesagt, ist mein Schütze auch schon an der Sau und mit einem Satz sitzt er auf deren Rücken!

„Halte fest", rufe ich ihm zu, während auch ich heranstürze und mit einem gezielten Stich zum Herzen dem Leben dieser verletzten Sau ein Ende bereite. Das war schon sehr heikel, mancher wird es sogar als leichtsinnig bezeichnen. Aber was sollten wir tun? Wir mussten dem Leid der Sau ein Ende bereiten und wollten gleichzeitig die Hunde schützen.

Alfred ist nicht nur pudelnass, denn das Ganze spielte sich ja im fließenden Bach ab. Er ist auch kreidebleich und überwältigt von diesem für ihn einmaligen Erlebnis. Jagd, wie sie unsere Vorvorfahren vielleicht ausgeübt haben, ist aus der Not heraus hier noch mal praktiziert worden.

Aber diese Aktion kostete auch Opfer. Nachdem wir die Sau aus dem Bachbett gezogen haben und die Hunde zur Ruhe gekommen sind, sehen wir, dass *Bobby* eine große Verletzung am Hals und auch eine in der Bauchdecke davongetragen hat. Er wird noch am späten Nachmittag in der Praxis von Gunters Ehefrau Sabine genäht und entsprechend medikamentös versorgt.

Der Schütze meinte im Nachhinein zu mir: „Sag mal, warum musste ich denn auf die Sau springen?"

„Ja" antwortete ich, natürlich im Spaß: „Ich dachte mir, es ist doch besser, es stirbt einer aus eurem Land als einer von uns!"

Die Sau hatte, wie ich am Anschuss bereits vermutete, einen hohen Vorderlaufschuss und wog aufgebrochen 75 Kilogramm.

MUTTERFREUDEN – MUTTERLEIDEN

Es begann mit einem Anruf und endete mit sehr viel Sorge um eine Bache und ihren Nachwuchs.

Es ist Januar im Jahr 2010: Das Telefon klingelt gegen Mittag. In der Leitung der Ortsbürgermeister der Gemeinde Gelenberg, der mir folgenden Vorfall schildert:

Am Vormittag sei ein Spaziergänger die Straße von Boxberg in Richtung Gelenberg gewandert. In der Nähe der dortigen Gaspipeline sei ihm ein größerer Hügel mit zusammengetragenem Gras und Kraut aufgefallen. Als er sich der Stelle näherte, sei ein großes Wildschwein auf ihn zugeschossen. Er sei geflohen, das Schwein habe ihn nicht weiter verfolgt. Der Bürgermeister meint, als zuständiger Förster solle ich doch mal nach dem Rechten sehen. Wahrscheinlich handele es sich um ein verletztes Wildschwein, weil es sich direkt neben der Straße aufhalte.

Ich setze mich ins Auto und fahre zu besagter Stelle. Sofort fällt auch mir dieser Grashaufen auf. Er ist gebaut wie ein Iglu … und mir schwant etwas. Direkt neben oder genauer gesagt 10 Meter vom Fahrbahnrand entfernt, auf einer kleinen, etwa 50 Quadratmeter großen Ödlandstelle befindet sich das „Grasbauwerk". Ich kann auf der Straße fast direkt heranfahren und erkenne mittendrin das mächtige Haupt einer starken Sau. Mir ist jetzt völlig klar, was hier vor sich geht.

Dort sitzt eine Bache, die entweder schon gefrischt hat oder gerade im Begriff ist zu frischen. Ich ziehe mich zurück, parke mein Auto in gehöriger Entfernung und beobachte den vermutlichen Wurfkessel weiter. Es ist aber vorerst keinerlei Bewegung zu erkennen.

Was hat diese Bache dazu bewegt, auf dem fast blanken Feld, 10 Meter neben einer recht stark befahrenen Straße ihre Frischlinge zur Welt zu bringen? Wie werden die Menschen reagieren, die dort vorbeifahren oder gehen und denen zwangsläufig die kleine Burg oder das Wildschwein selbst ins Auge fallen muss? Viele Gedanken und Überlegungen gehen mir bei diesem Anblick durch den Kopf.

Auf jeden Fall werde ich schon mal die zuständigen Jagdausübungsberechtigten informieren und vor allen Dingen die örtlichen Jäger, die hier zur Jagd gehen. Michael, ein junger Jagdscheininhaber und helfender Jäger in diesem Revier, ist mein wichtigster Ansprechpartner. Ihn verständige ich per Handy und bitte ihn, diese Stelle und den Wurfkessel mit zu „bewachen". Die Polizei rufe ich ebenfalls an. Ich erkläre den Beamten, dass es sich hier um eine gesunde, aber offensichtlich werdende Schwarzwildmutter handelt. Noch sausen die Autos hier lang, kein Fahrer scheint Notiz von dem „Grasbündel" zu nehmen. Das ändert sich aber bereits am nächsten Morgen.

Die ganze Nacht habe ich kaum schlafen können. Ich weiß, die Sau kann und darf dort nicht bleiben. Aber was soll ich tun? Kaum dass es hell wird, bin ich unterwegs. Zu allem Überfluss bedeckt seit der Nacht eine geschlossene Schneedecke die Landschaft. Ich fahre mit erhöhtem Blutdruck die Straße von Boxberg nach Gelenberg hinunter. Schon 100 Meter oberhalb des Wurfkessels entdecke ich den vorderen Teil der starken Bache aus dem Wurfkessel ragen, er hebt sich deutlich von der weiß bedeckten Bodenfläche ab. Die Sau liegt auf der Seite, das

Wurfkessel auf freiem Feld in Straßennähe.

Haupt außerhalb der Schweineburg. Dies kann auch kein Autofahrer mehr übersehen. Ich rufe Michael an. Bitte ihn, ganztägig von der in der Nähe befindlichen Kanzel aus Wache zu halten. Diese Beobachtungen, die er bzw. wir dann machen, sind für meinen Umgang mit Sauen zukunftsweisend.

Im Kessel ist Leben eingekehrt. Wir können alsbald feststellen, dass acht Mini-Frischlinge, wohlbehütet von ihrer Mutter, sich im grasgepolsterten Nest befinden. Gegen 10 Uhr vormittags verlässt die Bache den Wurfkessel, nicht ohne vorher sehr sorgsam den Eingang zu verschließen, indem sie trockenes Gras ausreißt und diesen damit abdeckt. Dann macht sie sich auf die Reise. Wir können sie genau beobachten. Sie zieht über die ganze Länge der im Nordosten anschließenden Genossenschaftsweiden, um dann in etwa einem Kilometer Entfernung im Wald zu verschwinden.

Es dauert genau drei Stunden, dann taucht sie dort, wo sie in den Wald eingewechselt war, wieder auf. Sie kommt zurück. Noch einmal wird der Kessel in Ordnung gebracht, dann schiebt sie sich hinein. Jetzt können ihre Kinder wieder trinken. Die Milchbar hat sich zwischenzeitlich prächtig gefüllt. Den ganzen Nachmittag bleibt die Bache bei ihrem Nachwuchs und wärmt ihn durch die eigene Körpertemperatur. Viele Autos passieren die Stelle. Der eine oder andere Fahrer hält an. Die Sorgen um „meine“ Sauenfamilie wachsen von Stunde zu Stunde. Ich bin froh, als es Abend wird und die Dunkelheit diese Heimstatt unsichtbar macht.

Aber was wird morgen sein? Zu allem Überfluss setzt in der Nacht starker Schneefall ein. Bereits mit aufkommendem Tageslicht bin ich wieder vor Ort. Der Kessel ist leer. Bache und Frischlinge sind verschwunden. Aber im Schnee kann ich ihre Fährten erkennen. Sie

sind etwa 100 Meter weitergezogen. An einem schmalen Fichtenstreifen hat die Bache unter einer Randfichte in der Nacht einen neuen Kessel gebaut und ihren Nachwuchs hierhin umgebettet.

Ich bin etwas erleichtert, aber auch hier ist die Wildschweinfamilie leicht zu entdecken, allerdings nicht mehr so offensichtlich, wie das auf dem freien Feld der Fall gewesen ist. Es dauert auch nicht lange, als die ersten Autos anhalten und Fotoapparate aus den Fensteröffnungen das Geschehen anvisieren.

Wir beobachten in den nächsten Tagen, wie die Bache weite Strecken zurücklegt. Offensichtlich weiß sie, wo sie eine Nahrungsquelle findet, damit sie ihren hungrigen Nachwuchs mit genügend Milch sättigen kann. Ich spüre förmlich ihre Mutterliebe, die Fürsorge und den Willen, ihre Kinder zu beschützen. Michael bringt ihr, allerdings immer entsprechend Distanz haltend, etwas Mais. Zu nahe darf er nicht an den Kessel, die Bache nimmt sofort Angriffsstellung ein. Für mich sind diese Beobachtungen und Erkenntnisse nicht nur interessant, sie führen mir auch noch mal so manches Bild deutlich vor Augen, dass ich bei Nachsuchen erlebt habe.

Wie war das doch, als ich im Frühsommer eine stärkere Sau nachsuchte. „Keiler beschossen!“, meldete der Schütze. Es wäre ja eine einzelne Sau gewesen und das seien schließlich Keiler. So hätte er es auf jeden Fall in seiner Ausbildung gelernt. Nach einem Kilometer fand ich den „Keiler“. Schwer verletzt hatte „er“ sich zu seinen Kindern, die klein und gestreift in einem gut gepolsterten Kessel lagen, geschleppt.

Ein letztes Mal hat die Mutter ihren Kindern, trotz größter Schmerzen, ihre Milchzitzen dargeboten. Ein letztes Mal hat sie sich um ihren Nachwuchs sorgen wollen und können. Dann aber verließen sie die Kräfte. Ihr größter Feind verfolgte sie jetzt. Ihre Kraft reichte nicht

mehr, ihre Kinder zu verteidigen. Ein finaler Schuss beendete ihr Leiden. Mein Fangschuss.

Ein Schuss, der unaufschiebbar war, um noch größeres Leid zu verkürzen. Nun lagen sie vor mir, die kleinen Waisen, die gerade ihre Mutter verloren hatten. Zu solchen Taten werde ich als Schweißhundführer, wie alle anderen Kollegen auch, oftmals gezwungen.

Manchmal habe ich aber auch anders entschieden. Da war die Nachsuche, zu der mich ein Kollege zu Hilfe gerufen hatte. In der Nacht zuvor – es war Anfang Mai – hatte ein Jäger auf eine einzelne Sau geschossen. Da sie nicht lag, musste eine Nachsuche eingeleitet werden. Sie wurde vom vorgenannten Hundeführer durchgeführt. Das Gespann folgte der Fährte über mehrere Kilometer. Einmal kamen sie an die verletzte Sau heran, ohne dass sich ein gezielter Fangschuss anbringen ließ. Der Hund wurde wegen einer nahe gelegenen Straße nicht geschnallt. Irgendwo verloren sie die Fährte, als sie an der Grenze eines Reviers standen, das von einem meiner Jagdfreunde gepachtet ist. Der Kollege bat mich um Hilfe.

Mit *Birka* setzte ich dort an, wo noch Bestätigung vorlag, also wo das vor mir arbeitende Gespann noch eindeutig richtig war. Ein Tropfen Schweiß lieferte den Beweis für den korrekten Verlauf. *Birka* tüftelte sich Meter um Meter voran. Wir überschritten die Reviergrenze in den Jagdbezirk meines Bekannten, den ich vor Beginn unserer Arbeit informiert hatte. Auch er war zu uns gestoßen. In einem Steilhang führte die Krankfährte in eine lichte, gut zu durchquerende Laubholzdickung. Die Sichtmöglichkeit war wegen des großräumigen Baumbestandes gut.

Da stellte *Birka* plötzlich die Behänge auf und äugte scharf nach vorn. In dem Moment tauchte auch schon eine stärkere Sau vor uns auf. Vorne rechts knickte sie ein. Ich hatte das Gewehr bereits von der

Schulter, war schussbereit. Aber da bewegte sich noch etwas im Laub. Mehrere kleine gestreifte Frischlinge, genau zählen konnte ich sie so schnell natürlich nicht. Unmittelbar vor mir legten sie sich flach auf den Boden in die sogenannte Totmannstellung.

Ich wusste: Jetzt würde die Bache angreifen. Ich wollte und würde nicht schießen. Ich wollte einfach die Mutter, auch wenn sie verletzt war, leben lassen, damit sie sich noch um ihren Nachwuchs kümmern konnte. Mir war bewusst, dass diese instinktive Entscheidung auch falsch sein konnte. Vielleicht überlebte sie die Verletzung, vielleicht aber auch nicht. Man konnte es nur hoffen. Mit meinem Begleiter und den Hunden zog ich mich zurück und überließ die Schwarzwildfamilie ihrem Schicksal.

Wenige Wochen später saß ich in dem Revier abends an, nicht allzu weit von der Stelle, an der wir die kranke Bache in der Dickung mit ihren kleinen Frischlingen zurückgelassen hatten. Es war noch bestes Licht, da wechselten Sauen auf die Wildwiese. Vorne zog, nein, sie zog nicht, sondern sie humpelte, eine Bache, gefolgt von sechs kleinen Frischlingen.

Am rechten oberen Vorderlauf war eine starke Verdickung erkennbar. Dort war der Lauf auch versteift. Die Bache bewegte sich zwar schwerfällig, aber sie nahm Futter auf und war in einigermaßen guter körperlicher Verfassung. Was aber das Wichtigste war: Sie hatte ein gut mit Milch gefülltes Gesäuge. Und als wollte sie mir zeigen und beweisen, dass ich ihr zurecht vor Wochen das Leben erhalten hatte, legte sie sich unmittelbar vor meiner Ansitzleiter zur Seite und ihre sechs kleinen Möpse warfen sich an sie und begannen laut schmatzend die Muttermilch aufzunehmen. Das es die vor Wochen nachgesuchte Bache war, daran besteht für mich kein Zweifel. Ich freute mich auf

jeden Fall, dass meine spontane Entscheidung bei der Nachsuche sich als richtig erwiesen hatte.

Leider ist das aber nicht immer so. So kam ich vor einigen Jahren nach langer Riemenarbeit mit meinem Schweißhund an eine sterbende Bache, an der, eng angeschmiegt, sich ihre kleinen Frischlinge totstellen. Dieses Totstellen ist eine in der Natur bei vielen Tierarten anzutreffende Verhaltensweise, wenn der Nachwuchs noch zu klein und fluchtunfähig ist. Da viele Beutegreifer sich auf einen sogenannten Lebendfang eingestellt haben, bleiben unbewegliche Jungtiere häufig vom Zugriff verschont. Dieses Verhalten wird auch angewendet, wenn der größte und gefährlichste Beutegreifer, nämlich der Mensch, sich der Kreatur nähert.

Dieser Bache konnte ich nur helfen, indem ich sie durch einen Fangschuss von ihrem Leid erlöste. Ich war außer mir vor Wut auf den Schützen. Der stand draußen vor der Dickung. Er hatte das grausige Drama, das sich mir da gerade bot, nicht mit ansehen müssen.

Mein mich begleitender Kollege ging schon mal zum Schützen vor. Ich musste mich erst einmal beruhigen. Es macht keinen Sinn loszupoltern und erhöht auch nicht die Bereitschaft, krankgeschossenes Wild nachsuchen zu lassen, wenn man den Schützen bei der Nachsuche oder nach dem Abschluss verbal „in den Senkel" stellt, wie man das hier in der Eifel auszudrücken pflegt.

Es ist üblich, dass der Schweißhundführer nach erfolgreich abgeschlossener Suche dem Schützen einen Bruch überreicht und „Waidmannsheil" wünscht. An diese jagdliche Gepflogenheit halte ich mich grundsätzlich auch, weigere mich aber immer dann, wenn so eklatante Fehlabschüsse vorliegen. Dieser Fall ist mir deshalb noch so gut in Erinnerung, weil der Schütze mir gegenüber Folgendes zu

seiner Entschuldigung von sich gab: „Warum musste diese Bache sich aber auch genau vor meinen Hochsitz stellen?“ Solche Bemerkungen geben mir dann wirklich den Rest.

Nicht er, der den Zeigefinger um den Abzug seiner Büchse gelegt hatte, war schuld, nein, die Bache selbst, weil sie so unvorsichtig oder arglos war, sich auf Schussentfernung vor dem Hochsitz zu präsentieren. Nicht die Bache war das Opfer, sondern der Täter, zumindest nach Ansicht des Jagdscheininhabers. So verkehrt man die Dinge!

Am häufigsten von Fehlabschüssen der Muttertiere ist das Schwarzwild betroffen. In Zeiten drohender Seuchengefahr durch Schweinepest ist bundesweit die Schonzeit für diese Wildart aufgehoben worden. Selbstverständlich gilt aber auch noch der sogenannte Elterntierschutz für Mütter, die noch abhängigen Nachwuchs führen. Tatsache ist aber auch, dass in Zeiten, in denen von höchsten Stellen ständig eine Reduzierung der Schwarzwildbestände propagiert wird, die jagdliche Ethik, sprich die waidgerechte Jagdausübung, auf der Strecke bleibt.

Wenn man schon weiß, wie schwer gerade in der Winterschwarte führende Stücke anzusprechen sind, wenn man dann dazu bedenkt, wie oft Schwarzwild bei schlechten Lichtverhältnissen bejagt wird, dann muss man sich nicht über die Häufigkeit von verwaisten Frischlingen wundern. Hier wären eine noch größere Sorgfalt und vor allem noch bessere jagdliche Kenntnisse über die Risiken unbedingt erforderlich.

Ich stelle aber aus meinem jagdlichen Erleben eher genau das Gegenteil fest. Viele Jagdscheininhaber sind keine Jäger nach meinem Verständnis. Sie haben sich stattdessen zu reinen Schädlingsbekämpfern degradieren lassen. Und ich habe oft den Eindruck, das kommt einer Killermentalität sehr entgegen. Mit den neuesten Hightech-Modellen ausgerüstet – legal und auch illegal –, wird den Sauen in fast jeder Nacht nachgestellt.

Mondschein ist nicht mehr erforderlich, da ja auch die Verwendung künstlicher Lichtquellen offiziell zugelassen wurde.

Aber nicht nur bei den Sauen werden gesetzeswidrig Muttertiere erlegt. Auch Rotwild ist, wie ich in meiner langjährigen jagdlichen Tätigkeit immer wieder feststellen musste, häufig von Falschabschüssen betroffen. Ich meine hierbei nicht die Hirsche, sondern und vor allem die Alttiere, die zum Erlegungszeitpunkt noch ein Kalb führen. Gerade bei dieser Wildart ist die Mutter-Kind-Beziehung sehr eng und sie besteht viel länger fort als beispielsweise beim Schwarzwild. Kälber weichen im kompletten ersten Lebensjahr der Mutter nicht von der Seite. Im zweiten Lebensjahr werden sie vom Alttier zeitweise abgeschlagen, wenn die Mutter das nächste Kalb setzt. Später gesellt sich aber das Schmaltier oder der Schmalspießer wieder zum Muttertier und dem frisch gesetzten Kalb dazu.

Ich habe häufig das Kalb noch beim verendet gefundenen Alttier stehen sehen. Manchmal gelang es, das Kalb mit zu erlegen. Aus Sicht des Tierschutzes in so einem Fall die beste Lösung. Kälber, wie wahrscheinlich alle Jungtiere, die ihre Mutter verloren haben, leiden unendlich. Es sind nicht nur die körperlichen Leiden durch Hunger und fehlende Wärme, sondern es sind auch die mentalen Qualen, die ein verwaistes Kalb erleidet. Der Rotwildnachwuchs profitiert von der sozialen Stellung des Muttertieres innerhalb des Rudels. Verliert ein Kalb seine Mutter, so fällt es in der sozialen Hierarchie sofort ganz nach unten. Andere Rudelmitglieder dulden häufig die weitere Mitgliedschaft innerhalb des Verbandes nicht mehr.

Da sich solche Rudel überwiegend aus weiblichen Tieren mit ihren Kälbern zusammensetzen (junge Hirsche werden ebenfalls im Rudel geduldet), sind es gerade die Alttiere, die das herrenlose Kalb aus dem

Rudel abschlagen. Diese Kälber suchen als Herdentiere meist den Anschluss an Gruppen, die ihre Mitgliedschaft dulden. Das sind meist ausschließlich kleinere Hirschrudel.

Häufiger wird mir berichtet, dass ein schwaches Stück Kahlwild in einem Hirschrudel beobachtet worden ist. Ich bin mir sicher, dass es sich hier um ein verwaistes Kalb handelt. Damit ist auch klar, dass wieder einmal ein Muttertier zum Opfer gefallen ist.

Die meisten Fehlabschüsse an Alttiere passieren durch falsches Ansprechen in den Monaten Mai und Juni. In zahlreichen Bundesländern beginnt die Jagd auf Schmaltiere schon im Frühjahr – also genau in dem Zeitraum, wenn Rotwild seinen Nachwuchs setzt. Vor dem Setzen hat das Alttier sein Vorjahreskalb abgeschlagen. Dies befindet sich jetzt in der Altersgruppe der Schmaltiere oder Schmalspießer.

Diese Schmaltiere irren in den Wochen, in denen sich die Mutter um den neuen Nachwuchs kümmert, in der Regel allein durch das Revier. Dieser Zeitraum ist jagdstrategisch für die Erlegung besonders interessant, weil nicht in ein Rudel geschossen werden muss. Somit gibt es keine „Beobachter“ innerhalb der Rotwildpopulation, die das Ableben eines Artgenossen miterleben. Daher bin ich auch sehr für das Ausschöpfen dieser Erlegungsmöglichkeiten, damit möglichst keine anderen Rudel- oder Familienmitglieder die Erlegung mitbekommen.

Aber wie oft habe ich anstelle eines erlegten Schmaltieres dann die sicher unbeabsichtigte Erlegung eines führenden Alttieres erleben müssen. Ein Schmaltier kann man letztendlich nur absolut als ein solches erkennen, wenn man ihm bei guten Lichtverhältnissen von hinten zwischen die Hinterläufe schauen kann.

Junge Alttiere gleichen sehr häufig einem Schmaltier, vor allem, wenn sie durch die Geburt des Kalbes auch noch körperlich stark strapaziert wurden. Daher ist der Blick von hinten zwischen die Läufe unverzichtbar, um zu sehen, ob ein Gesäuge vorhanden ist. Ich habe in den letzten Jahren vielen Jägern in einem hier in der Nähe liegenden Wildpark die Unterschiede im Rahmen eines Ansprechseminars vermittelt.

Nun aber noch mal zum Anfang der Geschichte zurück. Unsere Bache, die ihre Frischlinge umquartiert hatte, lässt sich noch zwei Wochen lang beobachten. Dann ist sie eines Morgens samt ihrem Anhang verschwunden. Der Kessel ist verwaist. Ich bin erleichtert, dass sie sich entschlossen hat, diese „öffentliche Kinderstube“ zu verlassen. Ich bin zufrieden, dass wir der Schwarzwildmutter und ihrem Nachwuchs helfen konnten, diesen ungewöhnlichen Ort für eine Wochenstube unbeschadet zu verlassen.

Ich hoffe sehr, dass sie nicht einem schnell schießenden Jagdscheininhaber vor die Büchse läuft, wenn sie in den nächsten Tagen wieder einmal zur Nahrungssuche allein unterwegs ist. Was mich beruhigt, ist, dass zumindest in dem mir hier bekannten Umfeld noch sehr verantwortungsbewusste, gute Jäger das Waidwerk ausüben.

LAUFSCHÜSSE

Heutzutage haben wir viele Möglichkeiten, unsere Schießfertigkeit zu üben und zu überprüfen. Die Jägerverbände unterhalten oft mit erheblichem finanziellen Aufwand Schießstände. In fast allen Regionen sind in den letzten Jahren sogenannte Schießkinos entstanden. Sie werden kommerziell betrieben und können von jedem Jäger zu Trainingszwecken genutzt werden. Diese Einrichtungen werden jedoch nur von einem relativ geringen Teil der Jägerschaft in Anspruch genommen. Dies ist nicht nur bedauerlich, sondern meines Erachtens auch eine Missachtung des tierschutzgerechten Verhaltens. Denn eines ist sicher: Zum möglichst schmerzlosen Töten von Wild gehört vor allem Treffsicherheit – und die kann man letztlich nur durch ständiges Üben erlangen.

Ich habe manchen Jagdscheininhaber erlebt, der das ganze Jahr über nie einen Schießstand oder ein Schießkino besucht hat, aber bei der ersten Drückjagd beleidigt war, wenn er nicht auf einem sogenannten „Königsstand" postiert wurde. Gottlob verlangen ja mittlerweile einige Landesjagdgesetze zumindest einen aktuellen Schießnachweis. Auch die Forsten oder private Jagdveranstalter bestehen vielerorts glücklicherweise inzwischen auf einen solchen.

Das ist sicher noch nicht „das Gelbe vom Ei", aber zumindest ein Anfang, der in die richtige Richtung weist. In Schießkinos lassen

sich die schießtechnischen Fertigkeiten der Teilnehmer häufig gut beobachten. Auffällig ist für mich, wie häufig dort ein Lauf von den Schützen erfasst wird. Ich habe keine Erklärung dafür, aber die Ergebnisse bei diesem authentisch simulierten Drückjagdgeschehen auf der Leinwand sind nun mal ein Spiegelbild der Abläufe auf der tatsächlich ausgeübten Jagd.

Und Laufschüsse gehören in der Tat zu den am häufigsten vorkommenden Verletzungsarten, zu denen wir als Schweißhundführer ausrücken müssen. Laut Auswertung meiner über 7.000 Nachsuchen-einsätze liegen anzahlmäßig zwar die Weidwundschüsse an erster Stelle, aber heute, da sich die Hundeführung mangels Niederwild fast ausschließlich auf die Schweißarbeit konzentriert, werden weidwund verletze Stücke auch mit den vor Ort befindlichen Hunden gesucht. Da so verletztes Wild relativ gut zu riechen ist, ist der erfahrene Spezialist manches Mal überflüssig. Dennoch wundert man sich, wie weit die Fluchtdistanz auch bei diesen Verletzungen sein kann.

Meist sind aber Stücke mit Laufverletzungen weitaus schwieriger zu verfolgen. Laufschüsse sind natürlich bei den einzelnen Wildarten unterschiedlich zu bewerten und auch die Fluchtdistanz ist sehr unterschiedlich. Aber für alles Schalenwild gilt, dass grundsätzlich bei Laufschüssen relativ wenig Schweiß sichtbar wird und dass immer davon ausgegangen werden muss, dass das Stück auch am folgenden Tag nicht verendet ist und somit eine Hetze durch den Hund erforderlich wird.

Grundsätzlich sollte man bei Nachsuchen immer von der schlechtesten, der schwierigsten Variante ausgehen. Dann ist man für jede Eventualität gerüstet. Wie oft habe ich mir anhören müssen, wenn Jäger vor mir schon vergeblich ihre Hunde eingesetzt hatten: „Aber

wir haben doch gedacht, dass sei eine einfache Nachsuche, die auch unser Hund bewerkstelligen könnte!“

Mein oft zitiertes Beispiel ist folgendes: Nachdem mit dem Teckel der laufkranke Bock gehetzt und nicht zur Strecke gebracht wurde, wird mir berichtet, dass das letzte laufkranke Reh aber von selbigem Hund niedergezogen und abgetan worden wäre. Bei näherem Nachfragen höre ich dann, dass das Reh sich bei der Hetze in einem Gatterdraht verfangen hatte und dadurch vom Teckel gepackt werden konnte. Das war ein günstiger Zufall, der zum Erfolg führte.

Nun kann man aber nicht bei jeder weiteren Nachsuche von solchen Zufällen ausgehen. Hätte kein Zaun den Fluchtweg des Stückes versperrt, hätte der kurzläufige Hund wahrscheinlich den Bock nie

Bock mit Hinterlaufschuss.

packen können. Weil sich Rehe allgemein sehr selten stellen, wäre dann die Nachsuche erfolglos geblieben, das Tier hätte aber weiter Riesenqualen durch den zerschossenen Beinknochen erleiden müssen.

Ich möchte hier nicht den Eindruck erwecken, dass ich für oder gegen irgendeine Hunderasse votiere. Nur eines gilt: Es geht immer zuallererst um das Wohl des Wildes und da müssen persönliche Eitelkeiten und Rassenvorlieben zurückstehen. Wenn ein Hund von Habitus und Körpergröße für eine Hetze nicht geeignet ist, darf man ihn auch nicht einsetzen. Und noch eine Regel gilt uneingeschränkt: Es darf kein Probieren geben!

Teckel habe ich ausgesprochen gerne. Ich habe sie als wildscharfe, oft eigensinnige, aber auch sehr kluge Hunde kennengelernt. Nur muss jeder wissen, wo die Grenzen beim Einsatz dieser Bodenhunde liegen. Mit dem Teckel kann man sehr gute Riemenarbeiten auf der Wundfährte absolvieren. Für die Hetze von Wild, das sich nur selten oder schwer stellt, sind sie aber nicht geeignet. Ebenso ist ein Schweißhund nicht für die Bauarbeit geeignet, weil er eben viel zu groß ist.

Genauso wichtig ist aber auch, die Leistungsfähigkeit des eigenen Hundes einzuschätzen. Nicht jedes verletzte Stück Wild wird von jedem Hund erfolgreich zur Strecke gebracht. Hierbei spielen Können und Erfahrung eine entscheidende Rolle. Nur der gut eingearbeitete und erfahrene Hund, der entsprechende Anlagen, wie Finderwille, Wildschärfe und Konzentrationsfähigkeit, besitzt, kann letztlich ein guter Schweißhund sein. Die Nasenleistung ist bei den allermeisten Hunden nicht das entscheidende Kriterium. Zum Riechen einer Wundfährte reicht die Nase bei den allermeisten Jagdhunden aus.

„Sauen mit Laufschüssen sind nicht zu kriegen!“, höre ich von so manchem Jäger, der wohl offensichtlich noch nie die Arbeit eines

erfahrenen, riemenfesten und hetzsicheren Hundes erlebt hat. Natürlich sind Laufschüsse zu kriegen! Man muss nur den entsprechend guten Hund und selbst einen eisernen Durchhaltewillen haben.

Ich habe seit Mitte der Siebzigerjahre alle Nachsucheneinsätze dokumentiert. Daher weiß ich nicht nur die Anzahl der Nachsuchen meiner Schweißhundstation, sondern ich finde auch Hintergrundinformationen differenziert nach Wildart, Verletzung, Länge der Riemenarbeit, Hetze und so weiter. Habe ich früher diese Angaben noch alle handschriftlich zu Papier gebracht, so wird dies natürlich im Zeitalter moderner Elektronik über ein Excel-Programm erfasst.

Grundsätzlich scheinen Laufschüsse für den Hund meist gut zu riechen zu sein. Alle Verletzungen an der unteren Hälfte eines Wildkörpers sind alleine dadurch besser zu wittern, weil Schweiß und andere Körpersekrete aus Verletzungswunden, die tief liegen, besser austreten, als dies in der oberen Körperhälfte der Fall ist. Ausnahmen bestätigen selbstverständlich auch hier die Regel.

Ich habe viele hundert Laufschüsse bei verschiedenen Wildarten bei uns nachgesucht. Man kann nicht grundsätzlich alle Laufschüsse statistisch gleichermaßen bewerten, sondern man muss nach den einzelnen Schalenwildarten unterscheiden.

Die Erfolgsquote bei Rehwild ist nach meinen Aufzeichnungen eindeutig die geringste. Das wird den einen oder anderen Leser sicher sehr verwundern, vor allem wenn man weiß, dass diese Wildart die geringste Fluchtdistanz unter all unseren Schalenwildarten besitzt. Aber darin liegt bereits ein Grund für die vielen Misserfolge.

Während Sauen in meinem Einsatzgebiet bei einer Laufverletzung eine durchschnittliche Fluchtentfernung von etwa 3,5 Kilometer zurücklegen, liegt die Strecke bei Rehböcken nur bei wenigen hundert Metern. Die

Schwierigkeit beim Rehwild liegt nicht nur in der geringeren Wundwitterung oder dem oft spärlich vorhandenen Schweiß, sondern sie liegt vor allem darin, dass krankgeschossenen Böcken sehr häufig hinterhergelaufen wird. Einmal aus dem Wundbett aufgemüdet, wissen sie sich dann bestens zu verstecken.

Bei Laufschüssen tun sich Rehe meist wenige hundert Meter vom Anschuss entfernt nieder. Während die Schmerzen größer werden, wissen sie noch nicht, was da wirklich passiert ist. Erst wenn sie den Menschen, der sie verfolgt, wahrnehmen, versuchen sie die Örtlichkeit möglichst schnell und oft relativ weit zu verlassen, um sich ein sichereres Versteck zu suchen. Die Strecke vom Anschuss bis zum ersten Wundbett ist in aller Regel kürzer als die von der Stelle, an der das verletzte Stück aufgemüdet wurde, bis dahin, wo es sich wieder niedertut, also erneut ins Wundbett geht.

Da häufig die Blutung in der Zwischenzeit stark nachgelassen hat, ist eine Nachsuche von einem verlassenen Wundbett allein deshalb schwieriger, weil Pirschzeichen optisch kaum noch zu finden sind und der Hund sich auch schwieriger mit der Nase orientieren kann. Unter diesen Voraussetzungen sind die Nachsuchen auf Rehe, die wir mit unseren spezialisierten Hunden durchführen, leider häufig zur Erfolglosigkeit verdammt.

Obwohl beim Schwarzwild – ebenso auch beim Rotwild – Laufschüsse in aller Regel wesentlich weitere Fluchtstrecken ergeben, ist die Erfolgsquote bei diesen Hochwildarten wesentlich höher. Gerade Schwarzwild hinterlässt offensichtlich eine deutlich intensivere Wundwitterung als das Rehwild.

Dennoch gibt es eine Übereinstimmung bei Lauftreffern aller Schalenwildarten: Alle Stücke verenden nicht unmittelbar oder in kurzer

Zeitfolge an diesen Verletzungen. Das heißt, bei einer Nachsuche schließt sich an die Riemenarbeit immer ein Hetze an, um das verletzte Stück zu fangen (bei schwachem Wild) oder zu stellen. Für den Erfolg ist daher auch immer die Wahl des richtigen Hundes oder Gespannes von ausschlaggebender Bedeutung.

Gebraucht werden ein zuverlässiger, verleitungsfreier Riemenarbeiter und ein wildscharfer ausdauernder Hund für die Hetze, um das Stück zu stellen oder niederzuziehen. Wenn eine dieser Bedingungen zu Beginn einer Nachsuche, bei der die Pirschzeichen schon eindeutig auf einen Laufschuss hinweisen, nicht vorhanden ist, wird sie kaum erfolgreich enden.

Besonders wichtig ist daher, dass der Jäger den Anschuss genau untersucht und nach Knochensplittern Ausschau hält. Werden solche gefunden, müssen alle Alarmglocken beim Schützen schrillen und er muss wissen, dass hier nur der erfahrene Nachsuchenspezialist die richtige Wahl ist.

Leider werden diese Grundvoraussetzungen oft nicht beachtet. Von ungezügelter Passion getrieben, wird so manchem Bock, kaum dass der Schuss im Wald verhallt ist, hinterhergestiefelt. Dass dann auch der beste Hund seine Schwierigkeiten hat, ein am Lauf verletztes Stück Rehwild zu finden, versteht sich von selbst.

Mit Rehwildnachsuchen begann meine Schweißhundführer-Karriere, gerade als ich 14 Jahre alt war. Vor jetzt weit über 50 Jahren konzentrierte sich die Nachsucherei, wenn überhaupt, in meiner Heimat im Wesentlichen auf Rehe. Schwarzwild war in den Sechzigerjahren in unserem Kreisgebiet selten geworden. Rotwild kam in den meisten Revieren lediglich als Wechselwild vor, die dominierende Schalenwildart war uneingeschränkt das Rehwild.

Ich hatte den ersten eigenen Hund, einen Deutsch-Drahthaar, von meinem Vater mit dem Auftrag bekommen, ihn besonders auf Schweiß zu führen. Über diesen Hund, „*Hasso*", habe ich bereits in meinem ersten Buch „Auf den Knien durch die Eifel" hinreichend berichtet.

Schnell sprachen sich die ersten erfolgreichen Nachsuchen des „Umbach-Jungen" herum. Wahrscheinlich aus Mangel an eigenen brauchbaren Hunden ergab es sich, dass mich nach und nach immer mehr Jagdpächter aus den umliegenden Revieren zur Nachsuche anforderten. Meistens wurde ich dann von Papa dort hingefahren. Er hat mich auch stets begleitet, aber hin und wieder wurde ich auch von den Revierinhabern abgeholt. Ich erinnere mich heute noch an eine besondere Suche auf einen Bock, bei der mir eine goldene Uhr versprochen wurde.

Es ist ein herrlicher Sonntagmorgen im Monat Mai. Die Bockjagd ist seit wenigen Tagen eröffnet. Da klingelt bei uns das Telefon. Am anderen Ende der Pächter des großen Reviers Dreis (damals waren die Reviere noch nicht in Kleinsteinheiten zerstückelt). Er berichtet meinem Vater, dass er am Abend zuvor wohl seinen Lebensbock beschossen habe, ihn aber nicht finden könne. Er sei ganz verzweifelt, jetzt habe er aber gehört, dass der kleine Umbach mit seinem Hund schon manchen Bock nachgesucht und gefunden hätte. Ob er mit seinem Sohnemann kommen könne.

Knapp eine Stunde später sitze ich neben Papa im grau-braunen Opel Rekord auf dem Weg zum vereinbarten Treffpunkt. Ich bin einerseits stolz, andererseits aber auch sehr aufgeregt, denn ich weiß, hier wird die ganze Hoffnung auf mich gesetzt.

Vor Ort angekommen, wartet bereits der Jagdherr mit noch einer weiteren Person. Ich denke, es ist ein Jagdgast. Ich nehme meinen *Hasso* aus dem Kofferraum, lege ihm die breite Schweißhalsung an und führe

ihn am langen Riemen zum Anschuss. Dieser liegt auf einer Wiese, etwa 100 Meter vom Waldrand entfernt.

Ich weiß heute nicht mehr, was ich am Anschuss fand. Ich weiß aber noch ganz genau, wie mein *Hasso*, mit dem ich immer wieder die Schweißarbeit auf der getupften Kunstfährte geübt hatte, sich sofort fest in den Riemen legte und zügig Richtung Wald zog. Ich sehe heute noch, wie der etwas korpulente Schütze sich an seinen Mercedes, mit dem er etwa bis zum Tatort gefahren war, anlehnt und mich genau beobachtet.

Irgendwo im Eichenaltholz verlieren *Hasso* und ich aber die Fährte. Ich greife wieder zurück, erscheine am Standort der Beobachter mit den Autos wieder auf der Wiese. Ich muss die Fährte noch mal neu aufnehmen, folge wieder in den Wald hinein. Es ist schwierig, aber nun hat mich der Ehrgeiz ergriffen. Ich will zeigen, was wir können.

Der Jagdgast gesellt sich zu mir (der Pächter kann keine Berge laufen, dann bekommt er keine Luft mehr). „Der Bock ist nicht zu finden", meint der Jäger. Wir suchen zwischenzeitlich sicher schon eine Stunde lang. Doch getrieben von meinem jugendlichen Ehrgeiz will ich nicht aufgeben. Die Männer gehen zurück, warten an den Fahrzeugen. Ich bewege mich mit meinem Hund immer weiter hangabwärts in den Wald.

Dann plötzlich! *Hasso* steckt die Nase auf den Boden, er zeigt mir mehrere Tropfen Schweiß. Hier hat der Bock gestanden. Ein Tropfbett! Der Rüde liegt wieder fest im Riemen. Er zieht auf einen kleinen Fichtenanflughorst zu. In dem Moment erkenne ich, wie der Bock aus dieser Deckung aufspringt und mit schlenkerndem Lauf flüchtet. Sofort habe ich *Hasso* geschnallt und laufe hinterher. Nach kurzer Zeit höre ich unten im Bach das Klagen eines Rehs. *Hasso* hat den Verletzten gefangen.

Wie man einen Bock abnickt, hat mir mein Vater schon als kleiner Junge beigebracht. Ich habe es oftmals an toten Rehen üben müssen. Die schmale Klinge des Abfangmessers muss genau zwischen dem ersten und zweiten Halswirbel – dem Atlas oder Dreher – den Hauptnervenstrang durchtrennen. *Hasso* hält den Bock und ich mache es genauso, wie ich es gelernt habe. In Sekunden ist der Bock verendet! Jagdrechtlich ist dieses Handeln sicher nicht ganz gesetzeskonform, denn ich habe zu dieser Zeit ja noch gar keinen Jagdschein. Aber wer fragte damals schon danach. Ich habe den Bock gefunden und erlöst – das zählt!

Ich weiß noch genau, wie stolz ich mich auf den Rückweg begebe. Den Bock habe ich aus dem Bach auf einen nebenan verlaufenden Weg gezogen und dort belassen. Ich komme aus dem Wald mit meinem Hund. Etwa 100 Meter entfernt stehen die alten Jäger. Sie haben von all den Geschehnissen nichts mitbekommen. Sie glauben, als sie mich kommen sehen, dass ich jetzt erfolglos aufgeben will.

„Na, Junge, hast dich gut bemüht, aber der Bock ist wohl leider nicht zu bekommen!“, ruft mir der Pächter schon beim Näherkommen entgegen.

„Wieso nicht zu bekommen?“, entgegne ich. „Der Bock liegt im Tal auf dem Weg!“

Diese Antwort scheint für den Jagdpächter beinahe unfassbar. „Das gibt es doch nicht! Das kann nicht wahr sein!“ Der Erleger führt einen wahren Freudentanz auf.

Wir fahren mit den Autos ins Tal. Ehrfürchtig greift der Schütze dem Bock in die Kronen. Es ist für unsere Verhältnisse wirklich ein Kapitalbock. Die Freude ist riesig. „Junge, wie kann ich mich bei dir nur bedanken? Du bekommst von mir eine goldene Uhr! Ich bin ja so glücklich, dass wir diesen Bock doch noch zur Strecke bringen konnten!“, so die Worte des Schützen.

Ja, auch ich bin glücklich – nicht wegen der versprochenen Uhr, sondern weil ich mit meinem *Hasso* erfolgreich war und diesen Bock

erlösen konnte. Ich kann mich im Übrigen nicht daran erinnern, die goldene Uhr jemals bekommen zu haben.

Aber auch beim Schwarzwild werden gerade die Läufe sehr häufig unbeabsichtigt getroffen. Haben wir mal eine laufverletzte Sau nicht zur Strecke bringen können, höre ich oft: „Naja, die wird schon durchkommen!" Ja, es ist richtig, das eine oder andere Stück Wild mit einer derartigen Verletzung „kommt durch"! Aber was heißt das für die betroffene Kreatur. Ist sich der Jäger eigentlich darüber bewusst, unter welch unsagbaren Qualen ein solches Stück leidet. Ich antworte meist nach solchen Misserfolgen, dass ich mir wünschen würde, dass das verletzte Stück bald verendet.

Wie sehr eine am Lauf verletze Sau leidet, wurde mir einmal bei einer Nachsuche sehr deutlich. Nie werde ich dieses Bild vergessen. Wir suchen

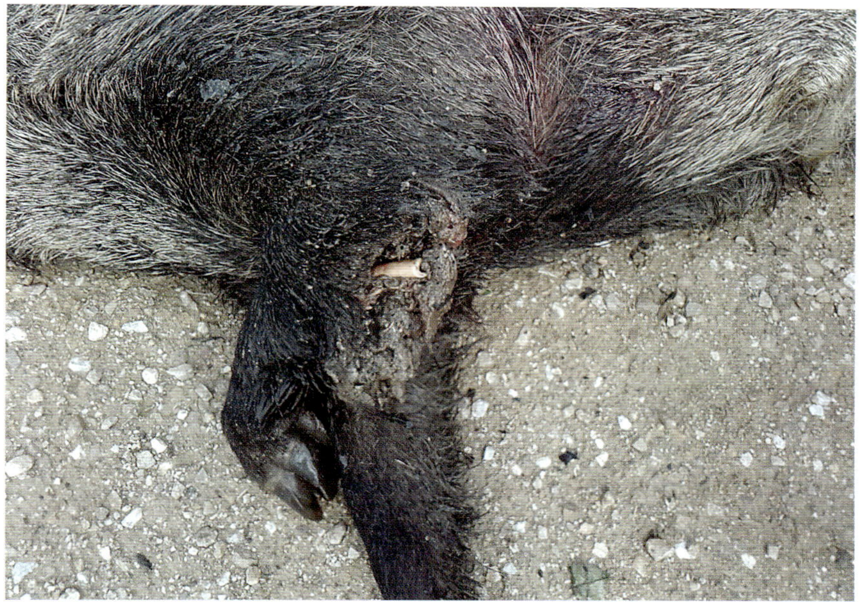

Hoher Vorderlaufschuss.

einen Überläufer, der am Vorabend beschossen wurde. Am Anschuss eindeutige Hinweise auf den Sitz der Kugel. Es liegen Knochensplitter und Teile des zersplitterten Oberarmknochens.

Mit meiner damals geführten Hannoverschen Schweißhündin „*Kira*" arbeite ich am frühen Vormittag die Fährte. Der Sohn des Revierinhabers begleitet mich. Der Fluchtweg führt durch steiles Hanggelände und einige kleinere Dickungskomplexe etwa drei Kilometer weit.

Gerade überquere ich einen Bergsattel, auf dessen abgewandter Seite sich eine mit Brombeeren bewachsene Ödlandfläche befindet, etwa halb so groß wie ein Fußballplatz. Da sehe ich oben auf den Brombeerranken die Sau. Das Stück liegt auf der rechten Körperseite. Sie bewegt sich nicht. Ich sehe ihre weit geöffneten Lichter. Ich glaube, sie ist tot.

Als *Kira* unmittelbar vor dem Wildkörper steht, springt die Sau auf und nimmt sofort den Hund an. Ich stehe noch auf Riemenlänge entfernt etwas oberhalb. Es gelingt mir noch, blitzschnell die Nachsuchenbüchse von der Schulter gleiten zu lassen. Die Hündin kann dem ersten Angriff ausweichen, obwohl ich sie noch am Riemen habe. Dann erfolgt das, was wehrhaftes Wild immer zu machen versucht: Es nimmt den größeren Feind, nämlich den Menschen an. Bevor sie mich allerdings erreicht, erhält sie den Fangschuss.

Die Sache ist nicht so spektakulär, dass ich sie hier unbedingt wiedergeben müsste. Nein, etwas anderes hat mich nachdenklich und auch traurig gemacht. Ich habe bisher noch niemals das Leiden einer Kreatur so deutlich erkannt wie in diesem Fall.

Die verletzte Sau hatte sich nicht etwa unter die Brombeerranken geschoben, wie das meist üblich ist. Nein, sie legte sich auf die Sträucher. Offensichtlich hatte sie da eine bessere Polsterung für ihren verletzten und stark schmerzenden Lauf. Sie lag auf der Seite und rührte sich nicht.

Jede Bewegung muss ihr unglaubliche Schmerzen bereitet haben. Sie verharrte regungslos, die Lichter weit geöffnet. Dieses Bild vergesse ich nicht! In dieser Position hatte sie die geringsten Schmerzen, aber das Leid war für mich förmlich zu spüren.

Glücklicherweise haben wir diesem Leid ein Ende bereiten können. Welch ein Glück für das Tier angesichts dieses Zustandes. Die Kugel des Schützen hatte den linken Lauf hoch am Oberarmknochen durchschlagen und zertrümmert, ohne dabei den Torso des Wildschweins zu verletzen.

Um noch mal zu der Frage mancher Jäger zurückzukommen: „Wird das Stück überleben?“ Ja, vielleicht hätte es überlebt, wenn nicht die Fliegen ihre Eier in die Wunde gelegt und keine weitere Entzündung den Körper erfasst hätten. Ja, es wäre eventuell auf drei Läufen durch seinen Einstand gehumpelt, hätte sich in der einen oder anderen Suhle etwas Linderung verschafft. Ja, es hätte vielleicht überlebt, als Krüppel in einer Lebensgemeinschaft, die keine Krüppel akzeptiert. Herdentiere verdrängen verletzte Stammesmitglieder, um keine Beutegreifer anzulocken.

Aber wie muss es so einem sozial lebenden und verbundenen Rottenmitglied seelisch gehen? All dies sind Gedanken, die mich nach diesem Erlebnis sehr beschäftigen. Ist eigentlich dem Jäger immer bewusst, was er mit einem schlechten Schuss anrichtet? Nein, ich will hier nicht allen, die auf die Jagd gehen, ein schlechtes Gewissen einreden. Ich weiß auch, dass wir jagen und damit auch töten müssen. Was ich allerdings bemängele, ist die häufige Feststellung, dass nicht jeder Jagdscheininhaber sich darüber bewusst ist und auch nur ansatzweise Mitgefühl zeigt, was das Leid und die Qual verletzter Tiere angeht. Darüber reden wir oft in unserem Nachsuchenteam.

Ich freue mich immer, wenn der Schütze an einer Nachsuche aktiv teilnimmt. Er soll sehen, wie ein Hund arbeitet, er soll sehen, wie schwierig es oft ist, einer Fährte zu folgen, er soll aber auch sehen, wie wir bemüht sind, das Leiden eines Stückes Wild, soweit es überhaupt noch lebt, zu beenden. Ein Stück Wild im Übrigen, zu dem ich als Schweißhundführer bis zu meinem Einsatz keinerlei Beziehung hatte.

Für machen Jäger sind Schweißhundführer nichts anderes als Dienstleister. Diese Weidkameraden haben weder eine Vorstellung über Gefühle und Mitleid noch können sie sich mental in die Denkweise eines wirklich passionierten Nachsuchenführers hineinversetzen. Hohe Leistungen und dauerhaft erfolgreiche Nachsuchen gelingen nur, wenn man dies auch oder, besser gesagt, überwiegend zum Wohle des Wildes und nicht nur der Jäger wegen tut.

HIRSCHBRUNFT

Das Jagdjahr hat mehrere Höhenpunkte im Empfinden des einzelnen Jägers. Der eine freut sich auf den Mai und findet den Ansitz in der gerade frisch ergrünten Natur, begleitet vom Balzkonzert der Vögel, als besonders erholsam. Für den anderen ist die Blattzeit im Hochsommer das Highlight des Jahres, der nächste wiederum findet die herbstlichen Drückjagden äußerst spannend und freut sich auf diese Zeit. Mein besonderer jagdlicher Höhepunkt ist im September/Oktober die Brunft der Rothirsche. Für mich sind diese Zeit und das Schauspiel, das uns unsere größte Wildart als eines der letzten urzeitlichen Naturspektakel im heute dicht besiedelten Industrieland bietet, die Krone der Jagd.

Der Sommer neigt sich so ganz langsam dem Ende zu. Die Tage sind schon deutlich kürzer geworden, das heißt, die Dunkelheit setzt von Tag zu Tag früher ein. Abends legen sich leichte Nebelschwaden über die Talwiesen und in den Gespinsten der Kreuzspinnen perlen am Morgen die Tautropfen wie kleine Kristalle. Es ist eine Zeit mit sehr viel besonderer Stimmung in der Natur.

Auch beim Rotwild ist eine gewisse Unruhe eingekehrt. Noch stehen die Hirsche zusammen in ihren Feisteinständen. Aber man merkt, wie Bewegung hineinkommt. Schon am frühen Abend vernimmt man das Klappern der aneinanderschlagenden Geweihstangen in den Einständen.

Die Hirsche „scherzen", so nennt man dieses Verhalten in der Jägersprache. Spielerisch testen sie schon einmal ihre Stärke. Dem einen oder anderen Geweihträger entweicht schon mal ein leichter Trenser aus der Tiefe seines Kehlkopfes.

Ja, jetzt geht es langsam los! Auch ich werde unruhiger. Ich gebe zu, Ansitzjagd ist nicht so unbedingt mein Ding. Natürlich sitze ich auch mal gerne bei schönem Wetter in der Natur. Aber stundenlang dort zu lauern, womöglich noch an einer Kirrung, um ein ahnungslos angelocktes Stück Schwarzwild zu erlegen, das ist nicht mein Ding!

Meine Jagd umfasst jede Tätigkeit, bei der ich mich hin zum Wild bewege. Besonders ausgeprägt ist dieses Verlangen natürlich bei der Nachsuche. Hier liegt ja seit über fünf Jahrzehnten der Schwerpunkt meiner jagdlichen Tätigkeit. Jahrzehntelang war ich aber auch bei Treib- und Drückjagden der Obertreiber. Mit meinen Gebrauchshunden, es waren in der Hauptsache Deutsch-Drahthaar, ging ich mit in der Treiberwehr. Dies tat ich stets viel lieber, als irgendwo stundenlang auf einem Stand zu stehen in Erwartung eventuell anwechselnden Wildes.

Eine besondere Art der Einzeljagd ist das Anpirschen von Wild. Besonders angetan hat mir dabei das Angehen von Schwarzwild in klaren Mondnächten. Gerade im Spätsommer, wenn die Getreideernte in eine Vollmondphase fällt, ist es für mich immer spannend gewesen, die Sauen nachts auf der Stoppel anzugehen. Das war eine meiner schönsten jagdlichen Betätigungen, die ich in den 28 Jahren, in denen ich das Revier Boxberg forstlich wie jagdlich betreute, ausüben durfte. Manche Sau habe ich gestreckt, die eine oder andere aber auch mal gefehlt.

Eine Begebenheit ist mir nachhaltig in Erinnerung geblieben: Es ist eine sternenklare Mondnacht im Spätsommer. Von der Bundesstraße aus leuchte ich die weite Feldflur Richtung „Büttelhof" ab. Oben, weit auf

dem letzten Stoppelacker, entdecke ich eine größere Anzahl schwarzer Schatten. Dort tummelt sich augenscheinlich eine Rotte Schwarzkittel und sucht nach liegen gebliebenen Körnern auf dem frisch gemähten Getreidefeld.

Ich prüfe den Wind. Ja, er kommt aus Süden. Also kann ich erst einmal im Schatten des angrenzenden Fichtenaltholzes von der Straße her die Sauen angehen. Unterhalb des besagten Ackers liegen eingezäunte Wiesen, auf denen einige Rinder grasen. Vom Wald muss ich über die Freifläche näher an die Sauen herankommen. Die Entfernung bis zu den Stücken beträgt sicher weit über 200 Meter. Schritt für Schritt pirsche ich vom Wald über die Freiflächen auf die Rotte zu. Immer wieder anhaltend, einen Blick durchs Fernglas werfend, achte ich sehr darauf, dass ich die Kühe auf der Weide zwischen mir und den Schwarzkitteln behalte.

Die Bewegungen der Rinder – so meine Überlegung – sind für das Schwarzwild von meiner Bewegung kaum zu unterscheiden. Und so komme ich dem Ziel immer näher. Ich will auf jeden Fall bis an die untere Kante der Weidekoppel vordringen, die mit Elektrozaun abgetrennt ist. In gebückter Haltung und langsam Schritt für Schritt erreiche ich einen der unteren Weidezaunpfähle. Das Vieh weidet jetzt links von mir, die Sauen stehen oberhalb auf dem Stoppelacker im Gebräch. Die Schussentfernung liegt zwischen 80 und 100 Meter. Ich knie hinter dem ersten Weidezaunpfahl. Die linke Hand umfasst den etwa armdicken Zaunpfahl. Ich steche meine Büchse, eine Mauser K 98 im Kaliber 7 x 64, ein.

Ich muss noch mal etwas korrigieren, um den anvisierten starken Frischling richtig ins Absehen zu bekommen. Dabei greife ich mit der linken Hand den Weidepfahl etwas tiefer und berühre dabei den

Elektrodraht. Ein Stromschlag durchfährt mich und der Zeigefinger der rechten Hand berührt den eingestochenen Abzug. Krawumm! Irgendwo gegen den ansteigenden Hang entlädt sich das Gewehr. Die Kugel fliegt in eine Richtung, die weit von den Sauen entfernt liegt. Durch das Zusammenzucken meines Körpers zeigte die Laufmündung weit von den Schwarzkitteln weg. Diese ergreifen mit dem Schussknall natürlich die Flucht. Mir bleibt nur noch, ihnen bedröppelt nachzuschauen.

Die Rinder sind zusammengeschreckt, haben die Wiese aber nicht verlassen. Der einzige, der sich dämlich und blöd vorkommt, bin ich, als ich mich auf den Weg zurück zu meinem Auto begebe. Die Sauen haben Glück gehabt und ich bin wieder um eine Erfahrung reicher, wie und was man eben nicht tun sollte. Das Mitführen eines Zielstockes wäre schon vorteilhaft gewesen. Aber, wie heißt es so schön: Man lernt nie aus!

Nun ist es aber Herbst. Die hohe Zeit des Hirschjägers. Ich selbst werde in dieser Zeit keinen Hirsch erlegen. Ich hatte die Gelegenheit und das Glück, einige recht gute Hirsche in meinem Jägerleben strecken zu dürfen. Allerdings habe ich keinen einzigen davon in der Brunft erlegt.

Ich bin jetzt selbst von einer inneren Unruhe getrieben. Meine Frau merkt das schon immer daran, dass ich beginne, morgens um 5 Uhr aufzustehen, um nach dem Wetter zu schauen. Es setzt jetzt auch tagsüber ein vermehrtes Telefonieren mit benachbarten Hirschjägern ein, ob die Hirsche bereits melden oder ob der eine oder andere starke Hirsch schon bestätigt wurde.

So etwa mit dem 10. September bricht die heiße Phase an. Jetzt beginnen die zwölf heiligen Tage. Ich habe über Jahrzehnte festgestellt, dass die Brunft bei uns zunehmend früher einsetzt. So haben in manchen Jahren am 10. September die Hirsche schon gut geschrien, dafür flaute bereits Anfang Oktober der Brunftbetrieb wieder merklich ab.

In meinem kleinen Staatsforstbetrieb „Heyerbusch" habe ich die Brunft mit meinen Möglichkeiten akribisch vorbereitet. Der Jagdbetrieb ist bereits vier Wochen vorher fast vollständig eingestellt worden. Es fiel kein Schuss mehr im Revier. Die paar Stücke Kahlwild, die immer als Standwild vorhanden sind, sollen im letzten Moment nicht noch vergrämt werden.

So ist es mir alljährlich gelungen, dass dieser kleine Jagdbezirk von rund 150 Hektar Größe mitten im Großbrunftplatz, der dort schon seit Jahrzehnten bekannt und berühmt ist, eingebunden und vom Rotwild als Nichtgefahrenzone erkannt und akzeptiert wird.

Dieses jährliche Spektakel lässt sich auch mein in Norddeutschland lebender bester Freund Achim nicht entgehen. Wir beide kennen uns seit fast fünf Jahrzehnten. Er hat einen kleinen Eigenjagdbezirk in Schleswig-Holstein. Uns verbindet eine sehr enge familiäre Freundschaft und auch jagdlich haben wir gemeinsam so manches erlebt. Wunderschöne Entenjagden bei ihm und spannende winterliche Saujagden hier in der Eifel.

So liegt es auf der Hand, dass Achim auch in diesem Jahr in den Genuss der Hirschbrunft bei mir kommen will. Damit es aber nicht nur beim Pirschen und Ansitzen mit Fernglas und Kamera bleibt, ist beim Forstamt ein Antrag auf die Erlegung eines reifen Hirsches gestellt worden. Das hatte geklappt und mit der Möglichkeit, auf einen Hirsch der Klasse I zu jagen, bekommt die Brunft natürlich noch mal einen ganz anderen Reiz.

Wir haben Herbst 2010. Schon früh in den ersten Septembertagen melden die Hirsche ganz ordentlich. Letztes Jahr hatte es mit Achims Hirsch nicht geklappt. Es war zwar eine gute, laute Brunft. Den Stimmen nach zu urteilen, waren auch ältere Hirsche am Brunftplatz, nur leider herrschte während der gesamten Hochbrunft eine stabile Wetterlage mit ständigem Wind aus Nordost. Genau diesen Wind können wir im Heyerbusch nicht gebrauchen, denn fast alle jagdlichen Einrichtungen sind auf West- oder Ostwindlagen ausgerichtet.

Wer Rotwildjagd betreibt, sollte tunlichst auf den Wind achten, um das Wild nicht zu vergrämen, sonst wird er nicht erfolgreich sein. Nur bei einwandfreiem Wind ansitzen, ist meine Devise. Und da darf es auch keine Kompromisse geben, denn nach meinen Erfahrungen nimmt das Rotwild schon bei halbem Wind den Menschen wahr. Deshalb hängt das Verhalten des Rotwildes maßgeblich vom Vorgehen des Jägers ab. Wir können viele Rotwild-Schäden im Wald vermeiden, wenn wir gewisse Regeln beachten. Dazu zählt auch die strikte Berücksichtigung des Windes bei der Auswahl des Ansitzes.

Dieses Jahr wollen wir also einen neuen Versuch unternehmen. Ich bin allerdings zwischenzeitlich leider nicht mehr Revierleiter dieses kleinen Jagdbezirkes, denn die Forstreform hat mir eine andere Aufgabe zugewiesen. Die Reviere wurden umstrukturiert und dieser Staatswaldteil wurde meinem Kollegen Ralf zu seinem bisherigen Forstbezirk zugeschlagen. Aber die Freigabe für Achim gilt trotzdem weiter. Ich werde meinen Freund bei allen Ansitzen und Pirschgängen begleiten. Das ist mit Forstamtsleitung und Kollegen abgesprochen.

Achim reist am 19. September an. Die Hirsche melden seit Tagen sehr gut. Am 17. September bestätige ich einen starken, alten Hirsch. Er kommt mir abends bei besten Lichtverhältnissen auf einer Wildäsungsfläche am sogenannten „Niedereher Weg". Der Hirsch ist allein. Er sucht offensichtlich nach brunftigen Tieren. Das ist natürlich nicht so gut. Einen suchenden Hirsch kann man nicht „anbinden". Ob wir ihn wiedersehen, ist sehr ungewiss.

Aber wir lassen uns überraschen. Das Ritual unseres Jagdverhaltens ist alltäglich gleich. Um 6 Uhr in der Frühe sind wir im Revier. Vom Fahrzeug aus wird in der noch herrschenden Dunkelheit verhört. Das heißt, wir lauschen dem Röhren der Hirsche, versuchen Stimmen wiederzuerkennen. Vor allem aber hören wir, wohin sich der Brunftbetrieb in der vorangegangenen Nacht verlagert hat.

So auch am 22. September. Der Himmel ist sternenklar, als wir auf der Landstraße anhalten und aussteigen. Das Thermometer zeigt gerade mal 3 Grad Celsius. Schon beim Abstellen des Motors dröhnt das ununterbrochene Röhren mehrerer Hirsche von der sogenannten „Langen Schneise" zu uns herüber. Heute Nacht hat sich der Brunftbetrieb offensichtlich in diesen Waldort verschoben. Der Wind wird geprüft. Süd!

Das ist recht günstig, um an die dort vorhandenen Ansitzleitern heranzukommen. Achim und ich überlegen. Welchen Ansitz sollen wir wählen? Kommen wir überhaupt an die Leiter ungestört heran, ohne auf das Wild aufzulaufen? Wir entscheiden uns schließlich für den unteren Hochsitz am Schneisenkreuz. Zu diesem Sitz müssen wir etwa 200 Meter einen Pirschpfad „entlangschleichen". Es ist noch verdammt dunkel. Hoffentlich steht uns kein Hirsch – oder noch fataler – kein Kahlwild im Weg.

Schritt für Schritt geht es voran. Links von uns, keine 50 Meter entfernt, plötzlich die tiefe Stimme eines Hirsches. Vor uns melden gleichzeitig drei weitere Hirsche. Wir hören, wie Stangen ineinanderfahren. Aus vollem Hals der Sprengruf eines Hirsches. Wir stehen mehr, als wir gehen. Mir schlägt das Herz bis zum Hals. Wir stehen jetzt mitten zwischen den Kontrahenten. Werden wir es zum Hochsitz schaffen, ohne die gesamte Szenerie zu beunruhigen?

Der Hirsch links entfernt sich gottlob Richtung Wildäsungsfläche. Wir können weiter. Schritt für Schritt. Ach, wären wir doch bloß schon am Sitz. Heute kommt mir die Strecke doppelt so weit vor, wie sie wirklich ist. Hunderte Mal bin ich auf diesem Pfad gepirscht. Ich kenne jeden Stein, jeden Wurzelanlauf, jede Brombeerranke. Die Hirsche melden unaufhörlich. Sie sind voll in Rage.

Endlich! Wir haben die Leiter erreicht. Jetzt nur nirgendwo anstoßen. Kein unnötiges Geräusch. Der Wind steht bestens. Eine leichte Brise weht uns vom Brunftbetrieb her ins Gesicht. Wie Katzen ziehen wir uns die Leiter hoch. Oben angekommen, muss ich erst einmal durchschnaufen. Das Röhren geht unmittelbar vor uns ununterbrochen weiter. Das Wild hat uns offensichtlich nicht mitbekommen.

Ganz langsam schwindet die Dunkelheit. In diesen Situationen glaubt man, es würde nie hell! Über die Jagdschneise vor uns, zwischen zwei Dickungskomplexen, bewegen sich die Schatten großer Wildkörper hin und her. Mit schwindender Dunkelheit legt sich ein feiner weißer Schleier von Bodennebel über die Freiflächen. Nach vorne haben wir Sichtmöglichkeit auf eine Schneise, ebenso nach links und rechts. Wir sitzen auf einem sogenannten Kreuzgestell. Es kracht halb rechts vor uns in der Laubholzdickung. Wieder sind offenbar zwei Hirsche aneinandergeraten.

Es wird heller. Vor uns wechselt ein junger Vierzehnender von links nach rechts. Er hat es eilig. Offenbar fühlt er sich in der rechts gelegenen Dickung nicht wohl, denn daraus dröhnen ununterbrochen die Kampfschreie mehrerer Hirsche. Wird der alte Hirsch, den ich vor wenigen Tagen am Niederer Weg gesehen habe, dabei sein? Die Anspannung, um welche Hirsche es sich da vor uns in der Dickung handeln könnte, steigt von Minute zu Minute. Man wünscht sich einen Radarblick, mit dem man das Dickicht durchdringen kann.

Mittlerweile ist das Tageslicht fast voll entwickelt. Immer wieder wechselt Rotwild über die vor uns liegende Schneise. Meist sind es jüngere Hirsche. Auch Tier und Kalb verlassen den Einstand, in dem die „Herren" sich einen erbitterten Kampf liefern.

Dann plötzlich Knacken am Dickungsrand. Ein Hirsch tritt ins Freie. Er steht kurz und zieht dann, stark schonend, halbspitz auf uns zu. Es ist ein starker Hirsch mit abnormem Geweih. Aus der rechten Stange ragt vom unteren Teil, kurz oberhalb der Augsprosse, ein langes Ende nach oben. Auf den ersten Blick sieht es so aus, als ob dort eine dritte Stange gewachsen wäre.

Dann aber erkenne ich eine große Verletzung auf der rechten Seite. Es ist eine mächtige Wunde. Der Schweiß läuft deutlich sichtbar am Wildkörper herunter. Der Hirsch wirkt wie benommen.

Ich entscheide schnell. Gebe Achim Feuer frei. Er erscheint nicht wie ein reifer, zehnjähriger Hirsch. Aber er ist verletzt, und dies offenbar nicht unerheblich.

Der Hirsch zieht jetzt von uns weg die linke Schneise hoch. Wenn er die Dickung annimmt, ist er für uns verschwunden. Achim liegt im Anschlag. Ich habe meine Videokamera in Stellung gebracht. Der Hirsch dreht sich tatsächlich noch einmal, steht breit zur Schneise hin, dann fällt der Schuss.

Mit einer hohen Flucht stürmt der offensichtlich gut getroffene Recke über die Freifläche, verschwindet im angrenzenden Deckungsstreifen. Von dort ist Augenblicke später das laute Krachen brechender Äste zu vernehmen. Der Hirsch ist zusammengebrochen!

Kurz haben die Hirsche mit ihren Brunftschreien innegehalten. Dann setzt das Konzert wieder ein. Langsam entfernen sie sich nun. Das Rufen wird leiser und leiser.

Achim am gestreckten Hirsch.

Welch ein Morgen! Welch ein Konzert! Ich bin, obwohl ich Brunftgeschehen und die Jagd auf einen Hirsch von Jugend an kenne, immer wieder begeistert.

Wir warten eine ganze Zeit lang. Müssen unsere Emotionen beide erst mal wieder auf Normaltemperatur runterfahren. Dann verlassen wir den Hochsitz, gehen zum Anschuss. Hier leuchtet uns heller, blasiger Schweiß deutlich sichtbar entgegen. Wenige Meter im angrenzenden Bestand liegt der bereits verendete Hirsch.

Wir sind am Ziel angekommen! Wir haben heute Morgen das vollzogen, wovon wir, mein Freund Achim und ich, lange geträumt haben. Sein Wunsch und mein Wunsch war es seit Jahren, einmal einen jagdbaren Hirsch zusammen in meinem Revier zu erlegen. Nun hatte ich dieses Revier zwar gerade verloren, aber auf den letzten Drücker, auch in Zusammenarbeit mit meinem Nachfolger Ralf, ist uns dieser jagdliche Höhepunkt doch noch vergönnt worden.

Die Verletzung zeigt sich als tiefer, bis in die Kammer hineinragender Stich. Diese Verletzung hätte der Hirsch nach Meinung unseres Tierarztes wohl kaum überlebt. Meine Entscheidung war richtig. Es ist zwar am Ende kein Hirsch der Klasse I, sondern einer der Klasse II, aber es war trotzdem die Krone des Jagderlebens.

Es bleibt ein unvergessener Morgen, voller Spannung, voller Action, mit glücklichem Ausgang. Wohl auch deshalb, weil wir beide, Achim und ich, hier in der Eifel innerhalb meines Dienstbezirks einmal einen guten Brunfthirsch erlegen wollten. Dies ist uns wahrlich optimal gelungen und wird uns beiden als besonderes jagdliches Erlebnis dauerhaft in Erinnerung bleiben!

Abendstimmung in Lirstal (Eifel).

GEDANKEN DER HEGE

„Am Umgang mit Sauen bei der Jagd erkennt man den wirklichen Charakter eines Jägers.“ Diesen Satz hörte ich bereits vor Jahrzehnten von meinem leider längst verstorbenen Freund Helmut Adamzcak. Er war ein Jäger, der ethische Grundsätze bei der Jagdausübung als Grundlage seines Handelns in den Vordergrund stellte. Mir war er immer ein großes Vorbild und in seinem Sinne habe ich auch in den Jahren nach seinem Tod stets mein Jagen ausgerichtet. Wie recht er hatte! Was habe ich in meinem Leben alles an schlimmen Dingen erlebt, wie man mit Wild umgegangen ist und leider immer noch zunehmend umgeht.

Zur der Zeit, da ich diese Zeilen schreibe, geht gerade die große Angst wegen einer Seuche um, die aus dem Osten auf uns zukommt und mittlerweile bis in die westlichen Länder vorgedrungen ist: die Afrikanische Schweinepest (ASP). Es ist keine Frage, dass das Auftreten dieser Schweinekrankheit nicht nur die Jagd, sondern auch die Existenz mancher Schweinemast- und -zuchtbetriebe beeinflussen und verändern wird. Dass die Übertragung in unsere Reviere wohl kaum durch einwandernde Sauen, sondern eher durch Menschen geschieht, ist zwischenzeitlich unbestritten. Vielleicht hat sie uns, wenn dieses Buch erscheint, bereits erreicht.

Aber ungeachtet dieser Gefahr sollten dennoch bestimmte Regeln, die den Tierschutz und damit auch die Waidgerechtigkeit betreffen,

eingehalten werden. Wir müssen eine intensive Jagd auf Schwarzwild betreiben, aber so, wie es normalerweise der menschliche Anstand gebietet und ethische Normen fordern.

Das, was wir aber erleben, seit das Wort ASP in aller Munde ist, hat vielerorts mit Anstand und jagdlicher Ethik überhaupt nichts mehr zu tun. Der Umstand, dass jagdliche Hilfsmittel, die zurzeit bei uns noch gesetzlich verboten sind, ungeniert bei der Jagdausübung zum Einsatz kommen, schockiert mich. Auch die Tatsache, wie gerade im Frühjahr und Sommer Sauen ge- und beschossen werden. Vor Schussabgabe wird ein genaues Ansprechen oft völlig unterlassen.

Wer einmal die traurigen Bilder sieht, die sich manchem Schweißhundführer offenbaren, wenn er nach erfolgreichem Einsatz an die Beute herantritt, der weiß, wovon ich jetzt rede. Viele Bachen, Mütter von noch winzig kleinen Frischlingen, lassen ihr Leben in einer Zeit, in der früher aus gutem Grunde Schonzeit verordnet war.

Jetzt wird mancher sagen: „Ja, das kann doch mal passieren!“ Es kann sicher einmal passieren, aber es darf nicht passieren! Wenn es allerdings geschehen ist, dann hätte ich in vielen Fällen zumindest ein Schuldbewusstsein und Bedauern erwartet. Aber auch das vermisse ich oft. Wenn als erstes die Frage nach der Verwertbarkeit der Bache gestellt wird, ohne dass auch nur ein Wort des Bedauerns über den offensichtlichen Fehlabschuss geäußert wird, dann wird sehr deutlich, wie es mit der Einstellung dieses Jagdscheininhabers zur Kreatur bestellt ist. Wenn dann mal eine Entschuldigung geäußert wird, dann meistens die, dass wegen der ASP-Gefahr ja verstärkt geschossen werden müsse.

Noch mal: Wir müssen Sauen intensiv bejagen, weil ihre Lebensbedingungen sich auch und vor allem durch die veränderte Landwirtschaft enorm verbessert haben. Der großflächige Mais- und Rapsanbau bietet

über die Hälfte des Jahres beste Deckungs- und Fraßverhältnisse. Gegen die dadurch begünstigten hohen Reproduktionsraten kommen die Jäger kaum noch an. Dazu kommen milde, schneearme Winter und ständig aufeinanderfolgende Mastjahre bei Buche und Eiche. In vielen Kreisen der Jägerschaft fehlt es heute leider an handwerklichem Können, um effektiver zu jagen.

Bei allem Druck zur Reduzierung der überhöhten Schwarzwildbestände muss aber immer noch der alte jagdliche Grundsatz gelten: „Das ist des Jägers höchst Gebot, was du nicht kennst, das schieß nicht tot!“ Es ist absolut zwingend, dass der Schütze sich vor Abgabe des Schusses über das Zielobjekt im Klaren ist. Fehler, die hier gemacht werden, sind irreparabel! Darüber muss sich eigentlich jeder bewusst sein, der zur Jagd geht und Wild erlegen will. Gerade im Frühjahr ist es zwingend notwendig, einen Blick unter den Bauch zu bekommen, bevor die Kugel den Lauf verlässt.

Oft habe ich den Eindruck, dass dieses Bewusstsein bei vielen Jagdausübenden nicht oder erst viel zu spät vorhanden ist. Nicht selten stand ich vor einem krassen Fehlabschuss und dem hinzutretenden Schützen liefen die Tränen, als er das Dilemma sah, das er da angerichtet hatte. Ja, es gibt auch diese Jäger, denen der Fehlabschuss wirklich leidtut. Aber das ändert nichts an der Tatsache, dass auch dieses Tier nicht wieder vom Tod erweckt werden kann. Letztendlich spielt es für das betroffene Wild keine Rolle, ob es versehentlich, ungewollt oder vorsätzlich erlegt wurde. Tot ist tot!

Jagd ist auch eine Sache des Charakters. Nicht alle, die mal etwas falsch machen, sind grundsätzlich schlechte Menschen. Das gilt bei der Jagd wie in allen Lebensbereichen. Deshalb fordere ich auch immer wieder, gerade bei jungen Jägern, eine verantwortungsbewusste, überlegte Jagdausübung

ein. Denn: „Was Hänschen nicht lernt, lernt Hans nimmermehr!“ In meinem nunmehr recht langen Jägerleben habe ich festgestellt, dass es für keine Wildart ein spezifisches Verhalten gibt. Deshalb kann ich den Worten meines alten Freundes Helmut Adamzcak nur beipflichten.

Bei Rehböcken gibt es bei uns unterdessen keinerlei gesetzliche Vorgaben hinsichtlich der Abschussfreigaben. Jedem Revierinhaber ist es überlassen, wie er sein Rehwild „bewirtschaftet“. So könnte man doch durchaus einmal den einen oder anderen Bock, wenn er denn gut entwickelt erscheint, älter werden lassen. Das könnte fast in jedem Revier geschehen, denn Rehe sind sehr standorttreu.

Aber was erleben wir landauf, landab bei allen Gehörnschauen der Hegeringe? Es hängen dort kaum alte Böcke. Manchmal habe ich den Eindruck: Je stärker das Gehörn, umso schneller sind sie tot. Rehe haben eine durchschnittliche Lebenserwartung von ungefähr 10 Jahren. Da kann es doch nicht richtig sein, dass in den meisten Revieren aufgrund der jagdlichen Eingriffe das Durchschnittsalter, insbesondere beim männlichen Wild, bei zwei Jahren liegt.

Auch bei dieser Wildart gilt, dass sie durch die Jagd reguliert werden soll. Der Schwerpunkt des Abschusses muss beim jungen Wild liegen. Aber auch weiblichem Wild muss als Reproduktionsfaktor das jagdliche Interesse gelten. Hier unterbleiben aber vielerorts die Abschüsse. Sicher sind Rehe auf ihr Alter hin schwer anzusprechen. Ich kenne das aus eigener Erfahrung.

Ich habe auch verschiedentlich Böcke erlegt, deren Alter ich höher eingeschätzt hatte. Umgekehrt allerdings auch! Aber bei vielen Rehböcken erkennt man die geringe Zahl an Jahren eindeutig und dennoch fallen sie der Kugel zum Opfer. Jeder mag seinen Grund dafür haben, aber mit Hege hat das dann wenig zu tun.

Ja und dann gibt es bei uns auch noch das Rotwild. Hätte der liebe Gott diese Tiere doch nur ohne Schneidezähne geschafften! Wie viele jahrhundertelange Auseinandersetzungen wurden um diese Wildart geführt. War die Jagd auf Hirsche bereits im Mittelalter nur dem Adel vorbehalten und entstanden Volksaufstände und Kriege nur wegen der Jagd, so gibt es auch heute noch immer wiederkehrende Auseinandersetzung zwischen Waldbesitzern und der Jägerschaft. Dabei spielen die Schälschäden die wichtigste Rolle.

Als Forstmann sind mir diese Schäden und deren Folgen sehr gut bekannt. Leider gibt es Bereiche, in denen die Schäden solche Ausmaße angenommen haben, dass ganze Waldareale total entwertet sind. Schäden im Wald sind, anders als in der Landwirtschaft, über Jahrzehnte noch sichtbar und folgenschwer. Deshalb ist die Vermeidung von Wildschäden im Wald ebenso wie in der Landwirtschaft ein Gebot, das mit der Jagdausübung eng verbunden ist.

Die Diskussion über die richtigen Wege zur Schadensverminderung und einer jagdlichen Hege hört nie auf und wird immer wieder mit neuen Thesen gefüttert. In meiner fast fünfzigjährigen Tätigkeit als Förster und der gleichzeitig fast dreißigjährigen ehrenamtlichen Tätigkeit als Kreisjagdmeister habe ich wahrlich lange genug im Interessenskonflikt zwischen den Fronten gestanden, um alle Seiten zu kennen und zu wissen, wovon ich rede.

Zetern die einen über zu hohe Schäden, bedauern die anderen ein zu geringes Wildvorkommen. Die Auseinandersetzungen nehmen oft groteske Formen an. Ich will hier nicht die einzelnen Diskussionspunkte einbringen, sondern möchte ein paar Eckpunkte nennen, deren Richtigkeit ich aus meinem langen Berufsleben bestätigt bekommen habe.

1. Die Höhe der Wilddichte ist oft maßgeblich für das Entstehen von Waldschäden, sie ist aber nicht der alleinige Faktor, was die Größenordnung des Schadensumfanges angeht.
2. Die Biotopkapazität hängt maßgeblich von der Gesamtvegetation und der Verteilung von Wald- und Feldflächen ab.
3. Die Jagdausübung, insbesondere die Jagdstrategie, ist mindestens so entscheidend für die Entstehung von Schäden wie die Wilddichte.

Ich will das Thema Wilddichte hier nicht näher beleuchten. Manche Jäger und Revierinhaber haben da in der Vergangenheit erheblich überzogen. Die Höhe des Gesamtbestandes ist effektiv und nachhaltig nur über das weibliche Wild zu regulieren. Zuwachsträger müssen erlegt werden, da führt kein Weg dran vorbei. Dass dies aber tierschutzgerecht erfolgen muss, dass also grundsätzlich das Kalb vor dem Tier zu erlegen ist, versteht sich von selbst.

Ich weiß, wie schwer es ist, einen hohen Alttierabschuss zu tätigen, wenn man immer zuvor das Kalb erlegt haben will. Aber dabei spielt eben wieder die Jagdstrategie eine außerordentlich wichtige Rolle. Über eine einzige Jagdart ist der Abschuss sicher nicht immer zu erfüllen, da muss schon variiert werden. Wild, das nur beim Betreten der Äsungsflächen bejagt wird, sammelt sehr schnell die Erfahrung, dass derjenige, der zuerst die sichere Deckung verlässt, auch zuerst tot ist. Daher ist es außerordentlich wichtig, dass möglichst nicht in die Rudel hineingeschossen wird, wenn diese abends zur Äsung auf die Freifläche treten.

Wird Wild angerührt, sozusagen aus der sicheren Deckung getrieben, verbindet es zumindest die Todesgefahr mit dem Verlassen der Deckung zwecks Äsungsaufnahme nicht. Wild, das zwar Hunger hat, die Dickung

aber wegen der da draußen lauernden Gefahr nicht verlassen mag, frisst nun einmal das, was es im Bestandsinneren vorfindet. Das sind dann meist nur Baumrinde oder Knospen!

Nur an diesem einen Beispiel ist doch leicht zu erkennen, wie wir auf das Verhalten und in der Folge auch auf die Schadensentwicklung im Wald Einfluss nehmen können. Es liegt auf der Hand, dass es nicht sinnvoll ist, Wildarten, die einen großen Lebensraum beanspruchen, wie bei uns vor allem Rot- und Schwarzwild, in einem einzigen Jagdbezirk alleine zu hegen und zu bewirtschaften.

In meinem Bundesland wurde mit der letzten Novellierung des Jagdgesetzes die Gründung von Hegegemeinschaften als Körperschaften des öffentlichen Rechts für Rot- und Muffelwild gesetzlich verankert. Damit hat der Gesetzgeber zumindest für diese Wildarten erkannt, dass sich die landeskulturellen Erfordernisse bezüglich unserer Hochwildarten nur großflächig umsetzen lassen. Leider wurden in dieses Hegekonzept die Sauen nicht miteingebunden. Denn die heute geforderte intensive Jagd auf diese Wildart beeinflusst das Verhalten der im gleichen Lebensraum vorkommenden anderen Wildarten ganz entscheidend.

Jagdlich richtig verstandenes Handwerk gepaart mit einer ethisch ausgerichteten Grundüberzeugung kann auch im 21. Jahrhundert ein ausgeglichenes Nebeneinander von Wildtieren und Menschen in unserer stark zersiedelten Landschaft garantieren. Der Begriff „Hege" ist in einigen Kreisen mittlerweile schon verpönt. Dennoch bin ich davon überzeugt, dass richtig betriebenes Management in der Jagd maßgeblich dazu beitragen wird, dass sowohl die Wildarten als auch ihr Lebensraum erhalten bleiben. Die Gefahren für unsere Umwelt stammen nicht von den Tieren, sondern von den Menschen.

Buchenwald im Forstrevier Kelberg.

LEBENSKEILER

Sauen! Diese Wildart hat schon in frühester Jugend mein Herz höher schlagen lassen. Diese urigen schwarzen Gesellen haben stets einen ganz besonderen Reiz auf mich ausgeübt. Sicher spielt dabei schon meine genetische Prägung eine besondere Rolle. Mein Vater galt allgemein als großer Sauenjäger, alleine durch die Tatsche, dass er sofort nach dem letzten Krieg von der französischen Besatzungsmacht in das zwölfköpfige Kreisjagdkommando berufen wurde. Damals ging es darum, die durch die Kriegsjahre stark zugenommenen Schwarzwildbestände zu reduzieren, die für die sehr arme Landbevölkerung eine ernst zu nehmende Nahrungskonkurrenz darstellten.

Dieses Jagdkommando musste wöchentlich zweimal eine Drückjagd durchführen. Ich habe darüber in meinem Buch „Auf den Knien durch die Eifel" eingehend berichtet. Über diese gemeinsamen Jagden hinaus hatte mein Vater eine Einzeljagderlaubnis für das gesamte Gebiet des Landkreises Daun. In dieser Zeit hat er mehrere hundert Sauen erlegt.

Schon von frühester Jugend an war das Thema Sauen bei uns demzufolge allgegenwärtig. Im Winter bei Schneelage wurde jeden Morgen das Revier Sarmersbach meines Vaters gekreist. Mit dem Auto rundfahren ging nicht, denn es waren noch nicht einmal überall befahrbare Wege vorhanden. Also hieß es jeden Morgen, die Waldkomplexe zu Fuß zu

umschlagen, um festzustellen, ob Sauen ein und nicht wieder ausgewechselt waren. Die meisten dieser allmorgendlichen Rundgänge endeten mit einem Negativergebnis.

Hatten wir aber mal Sauen fest, dann wurde telefoniert. Die einheimische Jägerschaft wurde zusammengetrommelt und meist um 14 Uhr traf man sich zur schnell einberufenen Drückjagd. Interessant ist für mich heute noch, wie schnell man die ortsansässigen Jäger mobilisieren konnte. Alle hatten plötzlich Zeit, die berufliche Arbeit wurde kurz unterbrochen.

Eine solche „Unterbrechung" dauerte auch mal viele Stunden, denn nach erfolgreicher Jagd spielte auch die Geselligkeit eine nicht zu unterschätzende Rolle. Dann wurde bei einem Gläschen Bier (manchmal wurden es auch ein paar mehr) die ganze Jagd noch mal bekakelt und schon über den nächsten Tag spekuliert, denn dann waren wieder alle Jagdaufseher in den verschiedenen Revieren unterwegs, um Sauen zu kreisen! Ich bin mir sicher, dass ab Mittag überall in den Jägerhaushalten am Telefon gelauert wurde, ob nicht wieder ein Anruf erfolgte, dass in irgendeinem Revier Sauen fest waren.

Als kleiner Knirps lief ich so manches Mal hinter dem kreisenden Jäger her. Ich kann mich noch gut erinnern, dass ich, gerade bei hoher Schneelage, Schwierigkeiten hatte, dem voranschreitenden erwachsenen Jäger zu folgen. Ich habe dabei immer versucht, in die großen Fußstapfen meines Vordermannes zu treten. Dadurch lief es sich einfach leichter. Heute möchte ich oft manchem in seinem Leben zurufen: „Tritt doch in die Fußstapfen deines Vordermannes, denn der hat schon den Weg gebahnt!" Im Leben wäre das oft besser, als immer wieder neue Wege zu suchen!

Nun aber zurück zu unseren Sauen. Früh mit dieser Wildart vertraut gemacht, übt sie bis heute eine ganz besondere Faszination auf mich

aus. Sauen sind eben etwas ganz anderes als unsere sonstigen einheimischen Schalenwildarten. Dabei meine ich nicht nur ihr Aussehen, sondern auch ihr Verhalten bis hin zu einer für Menschen oft höchst gefährlichen Verteidigungsstrategie.

Als Schweißhundführer, der seit mehr als fünfzig Jahren auf der Rotfährte dem Schweißhund folgt, habe ich ungezählte schwierige und auch gefährliche Nachsuchen auf Schwarzwild erlebt, denn es hat den Hauptanteil an meinen vielen tausend Nachsucheneinsätzen.

Bereits in frühen Jahren meines Berufslebens habe ich mich für einen anständigen Umgang mit dieser Wildart eingesetzt. Wir gründeten in den Siebzigerjahren, als der Schwarzwildbestand hier in der Eifel qualitativ, aber auch quantitativ auf sehr niedrigem Niveau lag, den ersten Schwarzwildring in Rheinland-Pfalz. Ziel dieser Hegegemeinschaft war es, nicht eine Unmenge von Sauen zu züchten, sondern einen von der Alters- und Sozialstruktur her gesunden Schwarzwildbestand aufzubauen und zu erhalten, der gut bejagbar war, in dem es auch altes Wild inklusive starker Keiler gab und der dadurch gleichzeitig den Jagdwert der Reviere erhöhte. Siebzig Sauen innerhalb des Hegeringes jährlich zu erlegen, war unser fest vereinbartes Ziel.

Dass dann in der Folge die Sauenpopulation so enorm zunahm, lag an der gerade in den ausgehenden Siebziger- und in den Achtzigerjahren einsetzenden Klimaveränderung mit oft schneearmen Wintern und der großflächig veränderten Landwirtschaft mit den für unser Gebiet bis dahin völlig neuen Maisplantagen. Das führte zu einer weder beabsichtigten noch zu erwartenden explosionsartigen Vermehrung des Schwarzwildes.

Lange Jahre war ich Vorsitzender dieses Schwarzwildringes. Besonderen Wert legte ich darauf, selbst keinen jagdbaren Keiler zu schießen, damit nicht der Eindruck entstand, ich würde diese neugegründete

Institution dafür nutzen, um selbst die Vorteile zu erhaschen. Ich habe mich deshalb immer besonders gefreut, wenn ein anderes Mitglied aus unserer Gemeinschaft das Glück hatte, ein wirkliches Hauptschwein zu strecken. Auch darüber habe ich in meinem ersten Buch berichtet. Der „Emondskeiler" ist bisher mit über 123 CIC-Punkten der stärkste Basse, den wir in diesem Schwarzwildring streckten. Aber auch in anderen Revieren wurden Keiler von über 115 Internationalen Punkten erlegt.

Doch so sehr ich mich auch bemühte, selbst keinen Keiler im jagdbaren Bereich zu strecken, so wenig konnte ich es letztlich verhindern. Warum auch immer, mehrfach kreuzten wirklich alte und starke Exemplare meinen Weg.

Den ersten starken Keiler erlegte ich zu einer Zeit, als es noch recht wenig Sauen gab. Als Forstlehrling im Revier meines Wahlonkels Julius S., der Regierungspräsident in Trier war, gelang es mir, in dem von ihm angepachteten Revier „Hillscheid" bei Eckfeld am 16. August 1970 einen Keiler von aufgebrochen 121 Kilogramm zu erlegen. Damals war ein solch starkes Schwein ein ganz seltenes Exemplar.

Ich jagte damals sehr intensiv in diesem Revier und erfüllte fast den gesamten Abschuss allein. 18 Jahre lang war das Revier in der Hand meines Onkels und in dieser ganzen Zeitspanne durfte ich dort jagdlich schalten und walten, wie ich es für richtig hielt. Zahlreiche wunderschöne Jagderlebnisse, aber auch eine stattliche Anzahl guter, alter Rehböcke und einige Hirsche in meinem Jagdzimmer erinnern noch an dieses jagdliche Dorado.

Ich hatte seit Wochen auf den gerade im Revier neu geschobenen Holzabfuhrwegen immer wieder die Fährte einer starken Sau erkannt. Ich berichtete davon und begann bereits von einem starken Keiler zu träumen. Wohlgemerkt – es gab damals recht wenige Sauen und starke

so gut wie gar nicht! Aber hier zog eindeutig einer der ganz wenigen starken Bassen seine Fährte, die eindrucksvoll immer wieder im frisch gebrochenen Erdreich stand.

Der 16. August 1970 ist ein verregneter Sonntag. Eigentlich will ich gar nicht zum Ansitz. Unsere Tochter Ulrike ist gerade mal einige Monate alt und da muss man als Vater auch mal zu Hause bleiben. Dennoch treibt mich die Passion. Der Keiler geht mir nicht aus dem Kopf. Habe ich doch gestern erst wieder ganz frisch sein Trittsiegel gefunden. Oberhalb der sogenannten „Langen Dickung" war es deutlich in der Wegböschung abgedrückt.

Die „Lange Dickung" ist im Prinzip nur eine sehr schmale, am Hang gelegene Fichtenaufforstung, etwa 50 Meter breit und 800 Meter lang. Oberhalb im Buchenaltholz haben wir eine Kanzel erbaut, die Einblick in die Dickung hinein auf eine Suhle ermöglicht. Hier sehe ich die größte Chance, eine Sau zu Gesicht zu bekommen.

Leise fallen die Regentropfen aus dem Kronendach der mächtigen Buchen zu Boden. Ihr Auftreffen aus luftiger Höhe wird mit einem „Blopp" akustisch untermalt. Das Tropfen übertönt jedes andere Geräusch. Ja, der Sommer geht langsam zu Ende. Die Tage sind schon merklich kürzer geworden. Ab 21 Uhr schwindet das Büchsenlicht. Ich sitze still. Mein Blick ist meist nach unten hin zur Suhle gerichtet. Ich überlege gerade, den Hochsitz zu verlassen, da schiebt sich aus der Dickung der mächtige schwarze Wildkörper einer Sau vor die glänzende Wasserfläche der offenen Suhle. Ich habe nicht viel Zeit! Meine Hand greift die Repetierbüchse. Es ist mein erster eigener Repetierer im Kaliber 7x64. Der Zielstachel des Absehens erfasst das Blatt, und schon ist die Kugel aus dem Lauf.

Im Knall verschwindet die Sau in die Dickung. Jetzt überkommt mich das Jagdfieber. Alles ging so wahnsinnig schnell. Habe ich getroffen?

Keiler von der Langen Dickung.

War das wirklich der dicke Keiler? Alle möglichen Gedanken schießen mir durch den Kopf. Die Sau ist weg. Ich brauche jetzt keinen Anschuss suchen zu gehen, denn es ist bereits stockdunkel. Hinlaufen werde ich auch nicht. Was will ich jetzt dort sehen? Die Sau liegt nicht.

Ich habe noch einige Meter weiter, unmittelbar nach dem Schuss, in der Dickung Äste knacken gehört. Dort nachzuschauen, könnte das getroffene Stück aufmüden oder es veranlassen, mich anzugreifen. Also fahre ich nach Hause und benachrichtige meinen Vater und meinen Onkel, damit wir morgen in aller Frühe gleich mit der Nachsuche beginnen.

Am nächsten Morgen sind Vater und ich bei ausreichender Helligkeit am Tatort. Ich klettere mit meinem DD „*Arras*", mit dem ich schon manche Nachsuche durchgeführt habe, zur Suhle. Hier erkenne ich die Eingriffe des weggeflüchteten Stückes. Ich sehe sie und rufe meinem

Vater, der noch auf dem oberhalb durchführenden Weg steht, zu: „Papa, es war der Dicke!“ Die Fährte ist identisch mit der, die ich seit Wochen im Revier festgestellt habe.

Arras legt sich sofort stramm in den Riemen. Ich folge. Es geht etwa 100 Meter einem gut ausgetretenen Wechsel nach, dann stehen wir vor dem gewaltigen Wildkörper einer längst verendeten Sau. Ja, es ist ein wahrlich stattliches Schwein, das hier liegt. Rechts und links blitzen hell und blank Gewehre und Haderer aus dem Gebrech. Ich habe einen starken Keiler erlegt! Eine Sensation in der damaligen Zeit, die selbst in der Tageszeitung noch ihre Würdigung findet.

Dies alles liegt sehr lange zurück. Zwischenzeitlich hat sich vieles verändert – in der Jagd und auch in unseren Wildbeständen. Zwei starke Keiler erlegte ich auf der Nachsuche. Die Erlegung eines dieser Keiler habe ich auch in meinem Buch „Auf den Knien durch die Eifel“ geschildert.

Einen anderen Keiler mit über 23 Zentimeter langem Gewaff erlegte ich rein zufällig. Als wir auf dem Rückweg von einer erfolglosen Nachsuche auf einen Frischling zu meinem Auto eine Dornenpartie kreuzen und mein frei laufender Loshund *Basko* mich mit hoher Nase auf ein für ihn offensichtlich interessantes Objekt aufmerksam macht.

Ich lasse ihn in den Dornenverhau und er gibt sofort Standlaut. Zusammen mit meiner Nachsuchenbegleiterin Ingrid versuche ich festzustellen, was sich dort in der Hecke befindet. Ich lasse auch noch meinen HS-Rüden *Bodo* vom Riemen, der sich ebenfalls ohne Zögern in den Verhau schlägt. Jetzt geben beide Hunde Standlaut. Kurz darauf kommt *Basko* zurück, um in einem anderen Tunnel, die sich zahlreich durch das Dornendickicht ziehen, wieder dem „Feind“ näher zu kommen. Ich erkenne dabei, dass er am Kopf bereits heftig verletzt ist.

Es gelingt mir, ihn einzufangen und anzuleinen. Er hat im Bereich der Behänge eine recht tiefe und schwere Verletzung. Wir haben noch nichts von der Sau gesehen, aber es steht fest, dass es sich um kein kleines Schwein handeln kann. *Bodo* gibt weiter Standlaut, etwa 50 Meter tief in der Dornenwildnis. Ich habe in erster Linie Angst um meinen Schweißhund. *Basko* drücke ich begleitenden Jägern in die Hand, die sich alsbald direkt auf einen in der Nähe befindlichen Hochsitz flüchten, damit ein eventuell aus der Deckung angreifender Keiler ihnen nichts antun kann.

Bodo ist allerdings nicht abzurufen. Ich muss zum Hund. Ingrid postiert sich außerhalb an der Flanke der Dornen. Ich krieche auf den Knien durch einen der Schwarzwildtunnel, die über die Jahre in solchen Einständen entstehen, auf den Laut gebenden Hund zu. Mir ist bewusst, wie gefährlich diese Aktion ist. In den Dornen kann ich weder ausweichen noch mich aufrecht hinstellen. Das Gewehr schiebe ich – jetzt natürlich geladen und entsichert – vor mir her.

Ich komme dem Bail näher. Da bemerkt mich offensichtlich die Sau. Sie nimmt mich nicht an, sondern bricht seitlich aus ihrem Kessel aus, genau in Richtung meiner Begleiterin. Von dort fällt Sekunden später ein Schuss. Dann ein Schreien meiner Mitjägerin. Ich versuche, so schnell es eben geht, aus den Dornen zu ihr zu kommen und sehe gerade noch, wie sie mit weichen Knien aufsteht.

Was war geschehen?

Als der Keiler die Dornen verließ, schickte sie ihm eine Kugel entgegen. Ob diese getroffen hat oder nicht, lässt sich später nicht mehr rekonstruieren. Fest steht nur, dass auf den Schuss dieses Schwein genau wusste, wo der Hauptgegner steht, die Schützin sofort annahm und sie mit einem kräftigen Hieb zu Boden beförderte, um dann über sie hinweg weiter zu fliehen.

Hinter dem nächsten Berg ist der Standlaut des Schweißhundes zu hören. Ich eile dorthin. Sehr eng deckt der Hund den Wildkörper des Schweins ab. Ich kann nicht schießen. Als der Basse mich bemerkt, peilt er mich an und kommt mit mächtigen Sprüngen auf mich zu. Auf kürzeste Distanz kann ich ihm die Kugel zwischen die Lichter setzen. Er bricht vor meinen Füßen tödlich getroffen zusammen.

Der Keiler hat eine Altverletzung am Hinterlauf und einen vielleicht vier bis fünf Tage alten Streifschuss. Er hatte sich in diesen Dornen, an denen wir nur vorbeigingen, eingeschoben, und der Wind stand so, dass die Hunde ihn in die Nase bekamen. Dadurch wurde er rein zufällig von uns entdeckt. Wer die Sau beschossen hatte, konnte nie geklärt werden. So gelangte ich in den Besitz der eindrucksvollen Trophäe.

Meinen bisher stärksten Keiler erlegte ich aber vor gar nicht so langer Zeit. Wir schreiben das Jahr 2017. Im Revier meiner Freunde Paul und Winfried Decker bin ich Jagdgast. Das heißt, ich habe für dieses Revier eine Jagderlaubnis, die mir gestattet, jederzeit in Kelberg-Zermüllen die Jagd auszuüben. Zwischenzeitlich haben sich auch in diesem Revier, wie in den allermeisten Jagdbezirken der Eifel, die landwirtschaftlichen Anbauflächen völlig verändert. Die ehemals auf kleinbäuerliche Betriebsführung ausgerichteten Feldgrößen sind zu großen maschinengerechten Parzellen zusammengelegt worden, auf denen großflächig Mais und Raps angebaut wird. In diesen Feldern haben Sauen nicht nur beste Fraß-, sondern auch hervorragende Deckungsmöglichkeiten.

In diesem Jahr ist eine Parzelle mit Raps – wir reden hier über eine Fläche von etwa einem Hektar – einer schmalen Waldzunge, dem sogenannten „Siedebüschchen“, vorgelagert. Entlang dieses Feldes führt ein gut begehbarer Weg, der hin und wieder von Spaziergängern benutzt wird. Einer dieser Wanderer erzählt mir Ende Mai, dass er immer, wenn er an diesem Rapsschlag vorbeiginge, aus der Deckung Laute von Sauen höre. Im Raps müsse eine größere Rotte stecken. Das weckt mein Interesse.

An der nordöstlichen Seite dieser Parzelle wurde bereits vor Jahren eine geschlossene Kanzel errichtet, von der aus man einen guten Überblick über den gesamten Rapsschlag hat. Es sind die ersten Junitage, in denen ich diesen Hochsitz aufsuche. Am Nürburgring, der nur wenige Kilometer entfernt hinter der nächsten Bergkuppe liegt, ertönt lautstark Musik moderner Rockbands. Heute am Freitag, dem 2. Juni, hat das legendäre Festival „Rock am Ring" begonnen. Ich besteige die Kanzel wohlwissend, dass diese lautstarke Musik auf das Verhalten des Wildes wenig Einfluss hat.

Ich sitze kaum, die Sonne steht noch hoch am Himmel, da entdecke ich im Raps auf 100 Meter Entfernung eine Bewegung. Mit dem Fernglas erkenne ich die beiden Teller einer starken Sau. Mir fällt auf, dass zwischen den Tellern eine ziemlich breite Lücke klafft, woraus ich schließe, dass es sich um ein außergewöhnlich starkes Stück handeln muss. Kurze Zeit später vernehme ich auch aus dem Raps heraus das eindeutige Quieken von Frischlingen. Somit gehe ich davon aus, dass die beiden gesichteten Teller zu einer starken Bache gehören. Mitten im Feld werden die Rapsstauden kräftig beäst, denn es bewegen sich die einzelnen Stängel permanent, und ich beobachte auch, wie einzelne Pflanzen nach unten gebogen werden.

Dies führt dazu, dass in den darauffolgenden Tagen bereits größere Lücken entstehen, die mir Einblick ins Innere des Feldes gewähren. Bemerken will ich hier nur noch, dass gegen 21 Uhr plötzlich die Festival-Musik verstummt. Wie ich dann auf der Heimfahrt aus dem Autoradio erfahre, hat es eine Terrorwarnung gegeben mit der Folge, dass 70.000 Besucher vom Festivalgelände evakuiert werden mussten.

Gottlob war es nur ein Verdacht, der sich nicht bestätigte, und so wird am Samstag das Programm fortgeführt.

Mich interessiert aber das Konzert weniger, ich will in den nächsten Tagen den Rapsschlag im Auge behalten und versuchen, einen Frischling oder nicht-führenden Überläufer zu erlegen, damit das Feld als Einstand verlassen wird und der Schaden sich in Grenzen hält.

Am Abend des Pfingstsamstags bin ich wieder auf besagter Kanzel. Deutlich sichtbar sind schon größere Löcher in der sonst noch geschlossenen Rapsdeckung. Es dauert nicht lange, da entdecke ich Bewegung im Raps. Mehrere schwarze Wildkörper bewegen sich in dem ansonsten einheitlich grünen Halmenmeer. Sie ziehen jetzt auf den Feldrand genau oberhalb meines Sitzes zu.

Minuten später verlässt die erste Sau die sichere Deckung. Sie steht von meinem Hochstand keine 60 Meter entfernt. Deutlich zu erkennen sind die stark ausgeprägten Striche und die dick angeschwollenen Milchleisten. Eine starke Bache, sie dürfte etwa 80 Kilogramm schwer sein. Gleich darauf folgen weitere Sauen. Ebenfalls Bachen. Und dahinter purzeln – im wahrsten Sinne des Wortes – 15 gestreifte Frischlinge auf den Wildacker, der an den Rapsschlag angrenzt.

Ich führe bei meinen Ansitzen nicht nur eine Büchse mit, sondern bin auch immer „bewaffnet“ mit Foto- und Videokamera. Die Rotte bricht im hellen Sonnenschein vor mir auf dem Wildacker. Sicher wollen sie mal ihr Menü wechseln. Immer nur Rapsschoten scheint ihnen zu eintönig. Sie brauchen auch tierisches Eiweiß in Form von Käfern und Würmern.

Ich entdecke in der Rotte einen Überläuferkeiler. Die weiblichen Stücke sind alle führend. Da aber aus Gründen der Schadensminimierung etwas geschehen muss, entschließe ich mich, den Überläuferkeiler zu erlegen. Ich

mache noch ein paar Fotos, denn selten habe auch ich die Gelegenheit, bei besten (Foto)-Lichtverhältnissen Sauen auf freier Fläche zu beobachten.

Nun ist es aber so weit. Ich greife zu meiner Blaser R 93 im Kaliber 8x57. Von der Ansitzkanzel aus habe ich eine super Schussposition. Noch steht das Keilerchen nicht breit. Auch befinden sich in der hinteren Verlängerung des Standortes der zu beschießenden Sau weitere Stücke. Ich muss und kann ja auch warten. Der Wind steht mir von den Sauen her genau ins Gesicht. Mein Zielobjekt steht jetzt etwa zwei Meter von der Rapskante entfernt.

Da schiebt sich in mein Zielfernrohr aus dem Raps heraus das mächtige Haupt einer starken Sau. Recht und links aus dem Gebrech ragen wie Dolche die schneeweiß blitzenden Waffen des Keilers. Er hat die Deckung verlassen und bewegt sich zwischen Bachen und Frischlingen hastig hin und her.

Ich setze das Gewehr ab. Greife zu meinen Kameras. Diese Sau muss ich im Film festhalten. Es gelingen mir gute Fotos und auch ein paar Filmsequenzen. Wann hat man schon eine solche Chance, in freier Wildbahn bei strahlendem Sonnenschein ein solches Hauptschwein zu beobachten!

Nein, ich werde ihn nicht erlegen. Ich bin der Meinung, dass der Abschuss eines solchen jagdbaren Keilers dem Revierinhaber vorbehalten bleiben sollte. Die Sauen brechen vor mir in der Wiese. Ich rufe Paul an und berichte, dass ich einen wirklich reifen Keiler vor der Kanzel stehen habe.

Ich denke, er nimmt mir diese Info nicht so ganz ab. Sagt aber: „Wenn er wirklich so stark ist, dann erlege ihn doch!" Ich bestehe aber darauf, dass dieses Schwein nur von ihm oder seinem Bruder Winfried erlegt werden sollte. Nach etwa 20 Minuten wechselt die gesamte Rotte mit dem Keiler wieder zurück in den Raps.

Zermüllener Keiler inmitten der Rotte.

Ich treffe meine Freunde erst am nächsten Tag. Jetzt kann ich Paul anhand der Fotos und der Videoaufzeichnung zeigen, wie stark diese Sau wirklich ist. Der Pächter ist augenscheinlich beeindruckt. Wir vereinbaren, am Abend gemeinsam die Ansitzkanzel zu beziehen. Paul hat sich durchgerungen, die Sau selbst zu erlegen, wenn sie wiederkommen sollte. Ich möchte nur dabei sein und hoffe, dass der Keiler auch im Feuer liegen bleibt. Er darf auf keinen Fall getroffen in den Raps verschwinden. Dort hinein können wir am Abend auf keinen Fall folgen. Dies wäre viel zu gefährlich. Wenn die Sau allerdings erst am nächsten Tag geborgen werden könnte, ist sie wahrscheinlich bei den zurzeit herrschenden warmen Temperaturen verhitzt.

Es kommt aber, wie es in solchen Fällen meist geschieht: Der Keiler erscheint nicht! Wir sehen zwar wieder recht früh am Abend die Rotte, aber der Keiler bleibt heute, wo Paul ihn erlegen soll, verschwunden. Nach dem Ansitz wird noch mal großer Kriegsrat gehalten. Paul und Winfried, die beiden Revierinhaber, beschließen nun definitiv, dass jeder von uns dreien, wenn ihm dieses Hauptschwein noch mal vorkommt, auf jeden Fall zuschlagen soll.

Ich bin überredet. Der Leser wird vielleicht schwer verstehen, warum ich mich doch mehr oder weniger gesträubt habe, einen solchen Trophäenträger zu erlegen. Das hat mehrere Gründe. Zum einen habe ich, wie bereits berichtet, schon einige starke Keiler strecken können. Ich weiß, wie selten solch starke Sauen vorkommen und dass wir hier viele Jäger haben, die mit sehr hohen Aufwendungen Jagdbezirke gepachtet haben.

Ich habe mich seit über 30 Jahren für einen anständigen und fairen Umgang mit dem Wild eingesetzt. Als in der Öffentlichkeit stehender Funktionsträger muss ich deshalb die Jägerschaft in diesem Raum

„mitnehmen". Das ist auch in der Vergangenheit gut gelungen. Wir haben hier eine sehr gut funktionierende Hegegemeinschaft und sind im Vergleich zu den meisten Gebieten in Rheinland-Pfalz die Region, in der regelmäßig die ältesten und stärksten Hirsche vorkommen. Wir haben aber auch die Schäden im Wald in den vergangenen Jahren deutlich verringern können. Das weisen die regelmäßig durch das Forstamt erstellten waldbaulichen Stellungnahmen aus. Ich behaupte, dass wir in den letzten Jahren zu den bestfunktionierenden Hegegemeinschaften des Landes gehören. Das soll auch so bleiben. Deshalb möchte ich lieber denen den Vortritt am Erfolg dieser Hegearbeit lassen, die aktiv in der Angelegenheit mitgewirkt und auch finanziell dazu beigetragen haben.

Aber in der Jagd gilt auch, dass man Gelegenheiten, die einem geboten werden, beim Schopfe packen muss. Wer zu spät kommt, den bestraft zwar hierbei nicht das Leben, aber der wird immer das Nachsehen haben.

So besteige ich am Montagabend gegen 20:15 Uhr wieder die besagte Kanzel am Rapsschlag, diesmal alleine. Winfried ist nicht mehr im Revier, Paul setzt sich an einer anderen Stelle an. Ich hocke vielleicht 10 Minuten, da sehe ich bereits wieder die bekannte Rotte im Raps. Die Fehlstellen sind mittlerweile wesentlich größer geworden. Schnell wechseln die Sauen aus der Deckung heraus auf die Fläche vor dem Hochsitz.

Mein Blick geht nach rechts. Da sehe ich ihn kommen. Zügig wechselt er über eine freie Stelle im Raps genau zu mir hin. Es dauert vielleicht eine Minute, da steht er bereits wieder bei der Rotte. Er revidiert die Bachen. Ob da schon wieder eine rauschig wird? Ich weiß es nicht.

Jetzt möchte ich die Zeit nicht mehr mit Fotografieren und Filmen verstreichen lassen. Ich greife zur Büchse, warte, bis der Basse hinter,

also auf der Rückseite der Rotte, breitsteht. Dies ist sehr wichtig, denn in solchen Situationen wird viel zu oft auf eine im Vordergrund stehende Sau geschossen. Die hinter dem beschossenen Stück stehenden anderen Rottenmitglieder werden dabei häufig von Geschosskern oder Geschosssplittern getroffen, meist ohne dass das vom Schützen überhaupt bemerkt wird. Dies zeigen genügend Beispiele, die bei geschlossener Schneelage im Winter immer wieder Zeugnis von solchen Vorkommnissen geben.

Im Feuer bricht der Keiler zusammen. Ich habe ihn hochblatt getroffen. Er will noch mal hochkommen, aber eine zweite Kugel beendet Sekunden später endgültig sein Leben. Er liegt am Anschuss. Die große Freude kommt bei mir erst mal nicht auf. Es ist eher Wehmut. Dieser Kreatur habe ich das Leben genommen. Warum habe ich das getan? War es die Gier nach seiner Trophäe? Habe ich mit diesem Schuss merklich zur Wildschadensverminderung beigetragen? War es überhaupt gerechtfertigt, dass ich dieses Tier getötet habe?

Ja, es hat sich vieles geändert in meinem jagdlichen Leben. Die Gedanken gehen zurück. Sie rufen meine jägerischen Triebe aus der Jugend wieder ganz nach vorn. Wie sehr war ich doch als junger Mann bestrebt, Wild zu erlegen. Ich hatte das große Glück, frei in den Revieren meines Vaters und meines Onkels jagen zu dürfen. Es gab Jahre, da habe ich den gesamten Abschuss allein erfüllt. Ich träumte von einem bestimmten Bock, bis ich ihn zur Strecke gebracht hatte.

Ja, die Bockjagd war für mich anders, als sie heute meist praktiziert wird. Ich bestätigte einen bestimmten Bock, auf den ich dann auch jagte. Hatte ich einen Bock im Auge, galt meine ganze Jagdausrichtung diesem einen Stück Rehwild. So wurde die Erlegung jedes Mal zu einem eigenen Erlebnis. Das führte auch dazu, dass mir die Erlegungsumstände

Der gestreckte Keiler.

fast jedes Bockes, der die Wand meines Jagdzimmers schmückt, noch gegenwärtig sind. Es ist nicht die Stärke der Trophäe, sondern es sind die Umstände, wie ich das Stück erlegte, die das wirkliche Erlebnis ausmacht. Dass dann auch noch die Besonderheit der Beute zu der Erinnerung beiträgt, versteht sich von selbst.

So ist auch die Erlegung dieses letzten Keilers mit den besonderen Umständen für mich das, was zählt. Schon fast peinlich empfinde ich die Tatsache, dass dieser Keiler bei der jährlich stattfindenden

Landeshegeschau mit einer Goldmedaille ausgezeichnet wird. Er war in der Tat mit über 118 CIC-Punkten der stärkste ausgestellte Keiler des Jagdjahres 2017/18 im Land Rheinland-Pfalz. Aber so ist das manches Mal im Leben. Wie sagte schon mein forstlicher Lehrherr, als ich mit einem Schuss drei Stockenten vom Himmel holte: „Den Seinen gibt's der Herr im Schlaf!"

Keilerwaffen des Zermüllener Hauptschweins.

MEINE HUNDE

Ein Leben ohne Hunde wäre für mich nicht einmal ein halbes Leben gewesen. Hunde umgeben mich schon immer. Es gab keine Stunde in meinem irdischen Dasein, in der es keinen Hund in der Familie gab.

Ich habe in meinem Buch „Auf den Knien durch die Eifel“ Episoden und Erlebnisse mit einzelnen Hunden beschrieben. Nicht alle sind in diesem Buch genannt worden. Aber jeder einzelne war ein besonderer Typ, hatte Eigenschaften, die seinen Charakter prägten.

In meiner Kindheit gab es zu Hause, soweit meine Erinnerung zurückreicht, zeitweise bis zu zehn Hunde. Es waren keine auserwählten, reinrassigen Jagdhunde, sondern eher Promenadenmischungen, außer dem einen oder anderen Jagdterrier. An einen dieser nicht immer ganz „sauberen“ Terrier erinnere ich mich noch sehr genau: Vater hatte noch kein Auto, dafür aber eine 98er NSU „Quicklie“, ein Motorrad der langsameren Art. Irgendwann hieß es, Onkel Josef in Mehren habe noch einen Terrier, den er gerne an uns abtreten würde.

So fuhr Vater Hanni Umbach mit seinem Motorrad und dem kleinen Filius, nämlich mir, in den Nachbarort Mehren, um dort den Hund abzuholen. Ich saß als kleiner Stropp hinter meinem Vater auf dem Soziussitz. Die Hinfahrt war unproblematisch, aber auf der Rückfahrt

Verfasser mit seinen Helfern im Jahr 2018. © Gabi Umbach.

mussten wir ja den neu erworbenen Hund mitnehmen. Dafür hatte Papa natürlich vorgesorgt. Der Hund kam in den Rucksack, der Kopf des Rüden schaute oben raus. In Höhe des Hundehalses war der Rucksack ordentlich fest zugeschnürt, sodass es für das Tier kein Entweichen gab.

Ein Problem gab es allerdings beim Transport. Und das war meines. Denn ich hatte den Rucksack samt Inhalt direkt vor dem Gesicht und da die Art der Beförderung dem Terrier offensichtlich gar nicht passte, versuchte er immer wieder nach mir – das heißt, nach meinem Kopf – zu schnappen. Ich musste mich an einem Griff des Vordersitzes

festhalten und gleichzeitig den Kopf so weit nach hinten beugen, dass er nicht in die Erreichbarkeit des Hundefanges geriet. Von Mehren nach Darscheid sind es zwar nur wenige Kilometer, ich weiß aber noch, dass mir diese Fahrt unendlich lange vorkam.

Dieser Terrier ist mir auch noch dadurch in Erinnerung, weil es ihm gelang, in kürzester Zeit alle unsere Hühner zu eliminieren, die damals, wie in allen Dörfern üblich, im Hof frei herumliefen. Oh Gott, das Geschrei der Hühner und das panikartige Gebrüll meiner älteren Geschwister klingen mir heute noch in den Ohren. Auch war das Verhalten dieses Jagdhundes gegenüber Menschen nicht immer sauber. Versuchte man, ihm seine Futterschüssel wegzunehmen, so konnte es leicht geschehen, dass man mit seinen Fangzähnen Bekanntschaft machte.

Aufgewachsen bin ich gemeinsam mit unserem *Seppel, d*er erfahrenste und immer eingesetzte Sauenhund. *Seppel* war schwarz und stammte aus einer Kreuzung von wahrscheinlich Bracke und Terrier. Über ihn habe ich schon berichtet. *Seppel* hatte gut fühlbar unter der Kopfhaut drei Schrotkugeln auf dem Schädelknochen sitzen, die sich im Laufe der Zeit verkapselt hatten. Bei einer Treibjagd war der Rüde wohl mal mit einem Stück Wild verwechselt worden und hatte Randschrote abbekommen. Darüber wurde in damaliger Zeit nicht viel Aufheben gemacht. Wie überhaupt. Ich kann mich nur ein einziges Mal erinnern, dass Vater einen Tierarzt wegen einer Verletzung konsultierte.

Solche Dinge wurden selbst behandelt. Mit Jod und Waffenöl wurden Wunden eingesprüht. Eine vereiterte Wunde wurde auch mal mit der Rasierklinge aufgeschnitten und eingesprüht. Wenn es nötig erschien, wurde am nächsten Tag bereits wieder mit dem behandelten

Hund gejagt. Das war in den Nachkriegsjahren! Damals hatten die Menschen vorwiegend mit sich selbst zu tun. Unser Land befand sich im Wiederaufbau. Das Verhältnis zwischen Mensch und Tier war längst nicht flächendeckend so intensiv, wie dies heute der Fall ist. Auch ich habe in der Hinsicht einen Wandel an mir selbst erlebt.

Damals hätte sich auch eine Kleintierpraxis hier auf dem Lande kaum halten können. Heute erlebe ich diesen Wandel im Verhältnis zum Tier bei meinen Tierarztfreunden, deren Wartezimmer jeden Tag voller Patienten ist. Ich finde es gut! Ich finde gut, dass viele Menschen im Tier, sei es ein Haustier oder auch ein Wildtier, ein Mitgeschöpf sehen. Ich finde gut, dass dem Tierschutz viel mehr Aufmerksamkeit geschenkt wird, als dies noch zur Zeit unserer Väter der Fall gewesen ist. Dennoch gibt es auch leider eine Menge sogenannter schwarzer Schafe, die herzlos und manchmal brutal mit unseren Mitgeschöpfen umgehen. Diese Menschen verabscheue ich und werde ihnen immer den Kampf ansagen!

Ich habe mit 14 Jahren meinen ersten eigenen Hund bekommen und führen dürfen. Es war *Hasso*, ein Deutsch-Drahthaar. Jeder Hundeführer hat, aus welchen Gründen auch immer, eine besondere Vorliebe für eine bestimmte Rasse. Meine erste große Liebe war halt die zu den großen Vorstehhunden.

So bin ich mit jungen Jahren zu dem gekommen, wovon ich immer geträumt hatte. Es ist aber auch die Jagdart, die mich zu den Vorstehhunden gebracht hat. Im Revier Sarmersbach, das sich seit 1950 in der Hand meines Vaters befand, gab es viele Rebhühner. Die Hühnerjagd, oder besser beschrieben, die Streife auf Hühner über die Stoppel- und Kartoffelfelder im September, wurde in meiner Kindheit von Vater und seinen Brüdern mit den Hunden durchgeführt, die vorhanden waren.

Gingen Hühner in einem Acker hoch, dann wurde genau beobachtet, wo diese Kette, oder zumindest die überlebenden Exemplare dieses Volkes, wieder einfielen.

Dorthin begab sich die Jagdgesellschaft, um in „Böhmischer Streife“ dieses Hühnervolk noch mal schussgerecht vor die Flinte zu bekommen. Weil ich als junger Heranwachsender schon erkannt hatte, dass diese Jagd mit einem Hund doch viel interessanter war, der durch Vorstehen die Hühner anzeigt, war ich auch so erpicht, einen entsprechenden Hund führen zu dürfen. Wir haben im Übrigen nie große Strecken bei der Hühnerjagd gemacht. Nicht die Jagd, sondern die Umweltbedingungen haben die Rebhühner an den Rand des Existenzminimums gebracht.

Dass die Schweißarbeit mich auch, oder besser gesagt, vornehmlich interessierte, habe ich bereits öfters ausgeführt. Aber die eine Jagdart schloss die andere ja nicht aus. So manifestierte sich die Liebe zu den großen Gebrauchshunden. Jahre später, als ich in meinem beruflichen Werdegang die großen Jagdkynologen Tabel senior und junior kennenlernte, war ich endgültig und tief verwurzelt mit der Rasse Deutsch-Drahthaar.

Ich habe einige dieser Hunde mit großem Erfolg geführt. Allen voran mein DD *Treu vom Kanonenturm*. Dr. Carl Tabel, einer der wohl bekanntesten und erfahrensten Jagdkynologen, behauptete damals schon, dass *Treu vom Kanonenturm* mein Lebenshund sein wird. *Treu* war ein unglaublich erfolgreicher Gebrauchshund, der sowohl bei der Niederwild-, der Wasserjagd als auch bei der Schweißarbeit mich und auch die meisten Jäger, die ihn erleben durften, in Staunen versetzte.

Leider wurde *Treu* nur sechseinhalb Jahre alt. Er starb bei einer Nachsuche. Ihm wurde die Halsschlagader von einem Keiler geöffnet.

Mein so geliebter und erfolgreicher Hund verblutete im Wald in meinen Armen. Ein schwarzer Tag, der mir nie mehr aus der Erinnerung gewichen ist. Aber leider blieb es nicht das einzige traurige Erlebnis, das ich mit meinen Hunden verkraften musste. Aber dazu später mehr.

Ich mag so etwa 15 bis 16 Jahre alt gewesen sein, da stand eines Tages bei uns zu Hause ein Förster vor der Tür. Er hatte mit Vater wohl etwas zu bereden. Dieser Forstmann führte an der Leine einen Schweißhund mit sich. Es war meine allererste Begegnung mit dieser Rasse. Ich sah den Hund, es war ein Hannoverscher Schweißhund, und irgendwo machte es bei mir „Klick“. Es war für mich ein Schlüsselerlebnis, das sich fest in meinem Gehirn verankerte. Ich weiß es noch ganz genau: Von diesem Tag an entstand in mir der Wunsch, auch einmal einen solchen Hund zu führen.

Dieser Wunsch verstärkte sich in den späteren Jahren noch, als ich erstmals einen Hannoverschen Schweißhund, damals geführt vom Berufsjäger Siegfried Krell von der AEG-Jagdverwaltung in Schwirzheim, bei der Arbeit auf einen Hirsch im staatlichen Jagdbezirk Salmwald erleben durfte. Der Rüde *Bodo vom Hemelberg* – ich habe seinen Namen nicht vergessen – wurde wenig später im Anschluss an eine Hetze als vermeintlich (tollwut)kranker Hund von einem Jagdaufseher erschossen. Der Fall wurde damals in der einschlägigen Presse groß und breit erörtert.

Ja, ich habe öfter erleben müssen, dass ein Jagdhund erschossen wurde. Meist waren das Situationen im Zusammenhang mit einer Drückjagd. Da gab und gibt es Jagdscheininhaber, deren Passion und fehlende Disziplin alle sicherheitsrelevanten Vorgaben beiseiteschiebt, auch dann, wenn beispielsweise Schwarzwild von einem Hund gestellt oder gefasst wurde. Oft wurde der Hund von der Kugel, die den Wildkörper durchschlagen hatte, getroffen. Ich weise bei meinen zahlreichen Anschussseminaren immer auf diese Gefahr hin und demonstriere, welche Wirkung und welche Gefahr durch ein Geschoss entstehen, wenn es wieder aus dem Wildkörper austritt.

Im Jahr 1978 bekam ich meinen ersten HS-Welpen. Ein lang gehegter Traum erfüllte sich. Aus dem Zwinger „*vom Lützelsoon*" stammte meine kleine *Edda*. Sie war zwar später als ausgewachsener Hund in der Schulterhöhe (Stockmaß) relativ klein, aber *Edda* wurde in ihrem späteren Leben eine der Größten. Sie wurde eine Riemenarbeiterin par excellence. Sie war eher ein Spätstarter und trat erst nach dessen Tod aus dem Schatten meines DD-Rüden „*Treu*" heraus. Damals war *Edda* 5 Jahre alt und hatte bis dahin nur weniger schwere Einsätze gemeistert. Nach dem Ableben von *Treu* wuchs sie aber zu einem der damals besten Schweißhunde im Verein Hirschmann heran. Es ist übrigens eine Erkenntnis während fünf Jahrzehnten Hundeführung, dass der Nachfolgehund erst dann zu wirklicher Höchstform aufläuft, wenn der Vorgänger nicht mehr eingesetzt werden kann.

Während ich noch mit *Treu* und *Edda* die gesamte Nachsuche, also von der Riemenarbeit bis zur Hetze, allein durchführte, ist in den späteren Jahren bis heute die Hetze meist durch einen sogenannten Loshund vorgenommen worden. Dieser Hund wird hinter dem Riemenarbeiter nachgeführt und kommt dann zum Einsatz, wenn das gesuchte Stück Wild noch lebt und aus dem Wundbett hochwird und flüchtet. Der dann geschnallte Loshund verfolgt das Stück und fängt es oder stellt es (je nach Stärke des verfolgten Wildes), bis der Hundeführer herangekommen ist und den Fangschuss antragen kann.

Natürlich muss auch ein Schweißhund, nachdem er am Riemen an das verletzte Stück herangeführt hat, in der Lage sein, dieses

Wild selbstständig zu verfolgen und gegebenenfalls zu stellen. Dies konnten alle meine Schweißhunde und haben es auch immer wieder bewiesen. Dennoch führe ich allein aus Sicherheitsgründen lieber einen separaten Loshund mit.

Zur kurzen Begründung: Einen Riemenarbeiter auszubilden und zu Höchstleistungen zu führen, bedeutet intensives Training und Erfahrung. Um mit einem Hund wirklich absolut verleitungsfrei arbeiten zu können, sind in meiner Schweißhundstation, in der jährlich im Durchschnitt 250 Nachsucheneinsätze anfallen, in der Regel vier Jahre vergangen.

Die wirkliche Gefahr beginnt meist erst in dem Moment, in dem der Hund von der Leine gelassen wird. Niemand weiß dann, wohin die Reise geht. Ob Straßen oder Bahnlinien überquert werden oder ob das verfolgte Stück sich wehrt und dem Hund dabei Schaden zufügt – das sind alles Möglichkeiten, die immer erst eintreten können, wenn der Hund von der Leine gelassen wird.

Weil aber ein guter Riemenarbeiter nicht von heute auf morgen zu ersetzen ist und es leichter fällt, einem Loshund das Hetzen und Stellen von krankem Wild beizubringen, werden heute bei mir in aller Regel diese beiden Teilarbeiten, die bei Nachsuchen auf lebendes Wild anfallen, gesplittet. Mit der Wertschätzung für den Hund hat dies nichts zu tun. Gerade meine Loshunde habe ich immer besonders geliebt, weil sie – wenn sie dann bei mir geblieben sind – harte, mutige Kämpfer waren.

Auch Loshunde bekommt man nicht von selbst. Es müssen Hunde sein, die sich vor Schwarzwild nicht fürchten. Sie brauchen eine gewisse Härte (Schärfe) gegenüber den Sauen. Darüber hinaus müssen sie einen ausgeprägten Beutewillen haben und gut trainiert, also konditionell fit sein. Wie wichtig das ist, zeigt sich gerade bei warmen Temperaturen. Hunde überhitzen leicht. Schmerzliche Erfahrung haben wir in jüngster Zeit in diesem Zusammenhang gerade machen müssen:

Mein persönliches Ziehkind und heute bereits einer der erfolgreichsten Nachsuchenführer in unserem Bundesland, Johannes Gödert, sucht für mich an einem sehr warmen Sommertag in der Nähe meines Wohnortes eine Sau nach. Ich bin wegen einer Veranstaltung an diesem heißen Sommerwochenende nicht anwesend.

Bereits um 6 Uhr morgens wird am Anschuss mit der Suche begonnen. Die Sau war am Vorabend beschossen worden und lag im Feuer, wurde dann wieder hoch und verschwand im Getreide. Johannes arbeitet mit seiner Hannoverschen Schweißhündin *Merle*. Die erfahrene Hündin liegt von Beginn an fest im Riemen. Die Fährte ist offensichtlich für den Hund gut zu riechen. Als Loshund wird sein Deutsch-Langhaar, gerade 5 Jahre alt, durch Michael, einen weiteren meiner Helfer, nachgeführt. Nach etwa 1000 Metern stößt das Gespann auf den Überläufer, der sofort aus dem Wundkessel flüchtig wird.

Beide Hunde werden geschnallt. Zuerst dem Laut der Hunde folgend, macht sich der Hundeführer auf den Weg, um möglichst schnell am Bail zu sein. Aber das Bellen der Hunde ist wegen des kupierten Geländes bald nicht mehr zu hören. Mithilfe der Technik ist es uns aber heute möglich, die Hunde, auch wenn ihr Laut nicht mehr zu vernehmen ist, zu orten. Alle unsere Hunde tragen am Hals ein GPS-Gerät.

Johannes stellt schnell fest, dass der beschossene Überläufer wohl nicht so stark verletzt ist, dass er sich von den Hunden stellen lässt. *Merle*, die Schweißhündin, kommt nach etwa einer halben Stunde zurück. Es fehlt der Deutsch-Langhaar. Momentan sind keine Signale von seinem Sender zu empfangen. Das ist nicht außergewöhnlich, denn die Koordinaten werden über Funk an das Empfangsgerät gesendet und in unserem bergigen Gelände reißen die Signale hin und wieder ab. Die Impulse kommen aber auch dann nicht an, als sich die Hundeführer mit dem Auto auf die Suche begeben.

Später kommt auch noch Johannes‘ Vater mit einem weiteren Empfangsgerät hinzu. Plötzlich sendet das Hundehalsband Signale von einem sich nicht bewegenden Punkt. Nichts Gutes ahnend, steuern die Jäger den georteten Punkt an. Sie finden den fünfjährigen Rüden in einem Fichtenstangenholz liegend. Er ist tot, offenbar bei der Verfolgung kollabiert und an einem Kreislauf-Zusammenbruch gestorben. Bei Hunden passiert das nicht selten, denn Hunde transpirieren nur über den Rachenraum. Das heißt, sie müssen die gesamte Körpertemperatur über den Fang regulieren. Wenn Hunde dann bei ohnehin hohen Außentemperaturen ihren Körper infolge einer langen Hetze zusätzlich erhitzen, kommt es häufig zu Kreislaufproblemen oder massiver Unterzuckerung, die den Tod zur Folge haben kann.

Johannes informiert mich telefonisch über das Vorgefallene. Jeder kann sich denken, wie dem Hundebesitzer, aber auch mir, der ich diesen jungen Mann zu der Nachsuche geschickt habe, zumute ist. Die Sau kommt natürlich nicht mehr zur Strecke.

Leider ist auch, und das ist natürlich besonders tragisch, der Nachfolge-Loshund, ein Deutsch-Drahthaar, ein Jahr später ebenfalls bei einer Hetze auf einen laufkranken Rehbock durch Kreislaufversagen bei großer Hitze verstorben. Diese Beispiele zeigen, dass Gefahren nicht nur durch wehrhaftes Wild oder Straßenverkehr gegeben sind, sondern dass auch durch Witterung, hier insbesondere hohe Temperaturen, eine besondere Gefahr für unsere Hunde entstehen kann.

Vor wenigen Wochen, ebenfalls an einem heißen Junitag, ist unserem jetzigen Loshund Ähnliches passiert. Ich suche einen gekrellten Überläufer nach. In einem Rapsschlag stoßen wir auf die Sau, die natürlich sofort flüchtig abgeht. Die nachgeschickte Deutsch-Drahthaarhündin *Coco* stellt das verletzte Stück auf dem nächsten Berg in einem größeren Dornenverhau. Ich orte die Hündin sehr schnell und mit den Fahrzeugen, die immer nachgezogen werden, sind wir in wenigen Minuten im Bereich dieses dornigen Einstandes.

Felix, mein „Spanmann", versucht, sich an den Bail heranzurobben. Es gelingt aber nicht. Immer wieder bricht die Sau vor dem Hund aus. Ich verfolge von außen den ständigen Standortwechsel mittels meines Navigationsgerätes. Ich höre auch andauernd den Laut des Hundes. Plötzlich verstummt dieser Laut. Die Ortung aber zeigt, dass der Hund sich noch in unmittelbarer Nähe befinden muss.

Ich fahre mit dem Auto um den Berg herum, um schneller zu sein. An einem Gerstenfeld orte ich den Hund auf wenige Meter. Dann höre ich auch schon ein Hecheln. Ich springe ins Feld und finde die Hündin am Boden liegend. Sie ist zusammengebrochen. Offensichtlich Kreislaufversagen. Nur weil es mir gelingt, schnell beim Hund zu sein und mit Wasser, das wir immer in ausreichendem Maße mitführen, den Hund zu kühlen, überlebt *Coco*. Sie erholt sich schnell und ist am nächsten Tag wieder einsatzbereit. Glück gehabt!

Hunde benehmen sich in Charakter, Arbeitsweise und Verhalten gegenüber Wild sehr unterschiedlich. Ich hatte ausgesprochen gute Riemenarbeiter wie zum Beispiel *Edda*, *Kira* und zurzeit meine „*Birka*"! Einer meiner Hannoveraner war aber auch ein ausgeprägt guter Hetzer. Das war mein „*Bodo von der Hirschwiese*". Er stellte jedes Stück nach relativ kurzer Fluchtdistanz.

Bodo packte zu, egal ob die Sau 30 oder 70 Kilogramm wog. *Bodo* hatte das Hetzen von meinem Deutsch-Drahthaar *Basko vom Kanonenturm* gelernt. Beide Hunde hatte ich oft zusammen flüchtig gewordenen kranken Stücken hinterhergeschickt. In der Mehrzahl waren es Sauen! *Basko* packte immer zu. Hetzen über 300 Meter Länge waren eher selten. Er war ein zuverlässiger Sauenpacker!

Wenn ich heute so manches Mal höre, dass Hetzen über mehrere Kilometer gehen, dann spricht das nicht für eine hohe (Hetz-)Qualität des Hundes. Je nach Wild- und Verletzungsart kann eine Hetze natürlich im Einzelfall auch mal über mehrere Kilometer gehen. Ist dies aber die Regel, dann liegt es am Hund, dem die entsprechende Wildschärfe fehlt.

Sind Hunde „überscharf" ist das die sicherste Voraussetzung für ein kurzes „Jagdleben". *Bodo* und *Basko* wurden oft von wehrhaften Sauen geschlagen. *Bodo* etwas weniger, *Basko* dafür umso häufiger. Über dreißig Mal wurde dieser Rüde genäht, nachdem er durch einen Keiler geschlagen worden war. Aber er hatte Glück, überlebte letztlich alle Verletzungen und erreichte sogar ein stattliches Alter von 13 Jahren.

Der HS-Rüde *Bodo* wurde einmal beim Stellen einer mittelstarken Sau relativ schwer links an Vorderlauf und Blatt geschlagen. Und das kam so: Wir suchen einen Keiler mit Laufschuss über mehrere Kilometer nach. In einer Schwarzdornhecke hat sich das verletzte Stück gesteckt. Ich schnalle den Rüden. Die Hecke ist so dicht, das wir nicht hineinsehen können. Der stellende Rüde wird plötzlich von seinem Gegner attackiert. In einem solch dichten Verhau kann ein relativ großer Hund nur schwer ausweichen. *Bodo* gerät unter das Schwein, das ihn mit seinen Eckzähnen nun bearbeitet. Sauen

machen das oft blitzschnell, um nach einer Attacke genauso schnell wieder der Rückzug anzutreten. So auch hier.

Die Sau bricht auf der entgegenliegenden Seite des Schwarzdorns aus und kann von mir leider nicht beschossen werden. Als der Hund wenige Augenblicke später aus der Hecke kommt, sehe ich sofort die ganze Bescherung. Wir fangen *Bodo* ab und ich fahre mit ihm zum Tierarzt nach Kelberg, wo die Wunde behandelt und genäht wird.

Da es noch früh am Tage ist, bitte ich meinen Freund Henning, der damals auch einen Schweißhund führt, die Sau weiter nachzusuchen. Das Ganze spielt sich in unmittelbarer Nähe der höchsten Erhebung in der Eifel, der „Hohen Acht", ab. Uns gelingt es mit Hennings Hilfe, noch mal an den Keiler heranzukommen. Ich begleite das Gespann und im entscheidenden Moment kann ich als Vorstehschütze der wiederum flüchtenden Sau die Kugel antragen.

Bodo müssen wir aber erst mal aus dem Verkehr ziehen, er muss seine Verletzung auskurieren. Ich habe zum damaligen Zeitpunkt keinen Reservehund und bin somit nachsuchenmäßig ebenfalls außer Gefecht gesetzt.

Aber jede Medaille hat zwei Seiten. Wenn man immer nur für Nachsuchen bereitsteht, und das war bei mir ja leider auch der Fall, dann werden Freundschaften schlecht gepflegt. Jetzt habe ich die Gelegenheit, meinen Freund Rudi P. in Bayern aufzusuchen. Kurz entschlossen geht die Reise in die Nähe von Garmisch-Partenkirchen. Hier hat Freund Rudi eine Hochgebirgsjagd. Jahre zuvor habe ich dort meine erste Gams erlegt. Diesmal will ich zwar nicht jagen, aber gegen einen „Pirschgang in den Berg" kann man sich nur schwer wehren. Man muss wissen, solche „Pirschgänge" dauern in der Regel einen ganzen Tag.

Mit Rudis Sohn Uli geht es also am zweiten oder dritten Tag meines Aufenthaltes in den Berg. Ein Stück können wir noch fahren, dann aber wird das Auto abgestellt und wir bewegen uns auf einem Steig hoch Richtung Hütte. Ich weiß, jetzt kommt ein langer Aufstieg und habe mich schon körperlich und mental darauf eingestellt. *Bodo* trottet frei bei Fuß neben mir. Uli geht voran, wir folgen auf dem Pfad einige Schritt hinter ihm. Wir sind erst wenige hundert Meter vom Fahrzeug nach oben gestiegen, befinden uns noch innerhalb der Baumzone, da wandert mein Blick nach links zu einem kleinen Felsplateau. Darauf steht ein Gamsbock wie ein Monument.

Uli hat ihn noch nicht gesehen. Leise mache ich meinen Vordermann darauf aufmerksam. Zuerst versteht er mich nicht. Ich zeige nach links. Dann ein rascher Blick durchs Fernglas. „Der ist gut", meint Uli. Seine Büchse, die ich geliehen bekommen habe, denn ich wollte doch gar nicht jagen, gleitet von der Schulter. Kurzes Aufnehmen im Zielfernrohr und schon hallt der Echo des Schusses durch die Bergwelt. Im Knall haut es den Gamsbock zusammen. Jetzt hat *Bodo* ihn auch entdeckt und noch bevor ich eingreifen kann, ist der Rüde zur Felsenplatte, auf der der Gams noch schlegelt.

Die Bewegungen des in den letzten Zuckungen befindlichen Wildkörpers reichen, um ihn über den vorderen Rand des 10 Meter hohen Felsens abstürzen zu lassen. *Bodo* ist gerade in dem Moment dort eingetroffen. Und was macht der Hund? Er springt hinterher. Gottlob ist unterhalb der Boden mit locker liegendem Geröll recht lose. Der Auftreffwinkel schräg nach unten federt den Aufschlag dazu stark ab. *Bodo* sitzt beim Gams, als es uns gelingt, dorthin zu kommen. Aber wie sieht der Hund aus! Die gerade im Heilungsprozess befindliche Wunde ist wieder vollständig aufgeplatzt.

Wir bergen den Gamsbock. Zum Auto haben wir es ja nicht weit. Dann geht's ab zum Tierarzt nach Murnau, wo der Hund zum zweiten Mal genäht werden muss. Das mit der Krankenerholung in Bayern war wohl nichts! Fazit: Ein nicht geplanter sehr kurzer Jagdausflug mit höchstmöglichem Erfolg.

Nachdem ich einige Jahre ohne eigenen Loshund auskommen musste, die Nachsucheneinsätze aber zunahmen und es nach langem Hin und Her mit dem Zuchtverein Hirschmann dann doch gelang, einen Welpen zu bekommen, habe ich auch noch einmal einen Deutsch-Drahthaar-Welpen vom langjährigen Zuchtwart des VDD bekommen. Die ausgesuchte Hündin aus dem Zwinger „*von der Wupperaue*" erhielt den Namen *Questa.* Sie war etwas lang im Haar und hatte einen ausgeprägten Bart. Meine Frau fand die Hündin besonders schön. Sie glich mehr einem Griffon als einem Deutsch-Drahthaar.

In unserem Haus hatte es zwei Jahre zuvor auch Nachwuchs gegeben. Mit meiner HS-Hündin *Kira* wurden zwei Würfe gezogen. Aus dem ersten Wurf habe ich einen Rüden behalten: *Asam*. Der junge Schweißhund entwickelte sich gut. Überhaupt war der ganze neunköpfige Wurf gut eingeschlagen. Wie sich im Laufe der Jahre zeigte, haben die Junghunde aus *Kira*s erstem Wurf überdurchschnittlich hohe Leistungen auf der Wundfährte gezeigt. Zusammengerechnet im Ergebnis aller Wurfgeschwister ist sehr viel krankes Wild zur Strecke gekommen. Acht der neun Geschwister erzielten bei der Vorprüfung einen I. Preis. *Asam* sollte der Nachfolger seiner Mutter *Kira* werden. Leider erreichte auch er nur ein Alter von 6 Jahren. Seine Mutter hat ihn bei Weitem überlebt. *Asam* starb am 2. Januar 2008 infolge eines Krebsleidens.

Noch lange vor seinem Tod kam *Questa* in unser Haus. Meine Frau, *Asam* und ich mochten diese junge Drahthaarhündin sehr. Die einzige,

die den Neuankömmling überhaupt nicht mochte, war *Kira*. Ihren Sohn *Asam* liebte sie, *Questa* wurde gehasst. In „unserem Rudel" herrschte eine klare Rangordnung: Kopf- und Leithund war uneingeschränkt ich! Mir hatten sich alle Hunde unterzuordnen. Wenn ich aber nicht zu Hause war, dann übernahm ganz unumwunden *Kira* die Position 1. Meine Frau war wohl aus *Kira*s Sicht untergeordnet! Viele Hundebesitzer glauben, es gäbe für sehr junge Hunde einen Welpenschutz. Diese Annahme ist nicht in jedem Fall richtig. Unser junger Drahthaarwelpe genoss zumindest in *Kira*s Augen keinen Schutz.

Im Frühjahr 2005 bin ich in meiner Funktion als Kreisjagdmeister mal wieder bei einer Hegeringversammlung, als mich der Hilferuf meiner Frau übers Telefon erreicht. Ich eile nach Hause. Dort sieht es aus wie auf einem Schlachthof. Überall Blut! Blut, wohin ich schaue. Meine Frau, völlig aufgelöst, berichtet mir vom Überfall der Hündin *Kira* auf den etwa vier Monate alten Deutsch-Drahthaarwelpen. Die HS-Hündin hatte sich den Welpen geschnappt, als dieser an ihrem Korb vorbeilief. Sofort kam auch der Jungrüde *Asam* seiner Mutter zu Hilfe.

Die beiden Schweißhunde wollten offensichtlich diesen jungen Eindringling in unserer Meute eliminieren. Meine Frau versuchte das natürlich zu verhindern und entriss den starken Hunden den Welpen. Dabei geriet sie aber zwischen die in Rage geratenen Schweißhunde. Sicherlich unbeabsichtigt bekam einer ihre Hand zu fassen. Trotz ihrer Verletzung brachte meine Frau die kleine Questa zu unseren Tierarztfreunden.

Der Welpe ist an vielen Stellen förmlich aufgerissen und wird mehrfach genäht. Aber eine Verletzung ist in der hiesigen Tierarztpraxis nicht zu behandeln: der zerschmetterte Vorderlauf des jungen Hundes. Meine Frau muss die Hand im Krankenhaus ebenfalls nähen lassen. Sie wird lange darunter leiden.

Ich fahre am nächsten Morgen zu einer Knochenspezialistin nach Höhr-Grenzhausen. In einer aufwendigen Operation werden einzelne Knochenteile des Oberarmes zusammengefügt. Die OP ist nicht billig. Sie kostet mich wesentlich mehr, als der Preis eines neuen Welpen ausgemacht hätte. Es ist einige Wochen später sogar noch eine weitere Operation notwendig. Aber es wird alles gut. Ohne Einschränkungen kann *Questa* später wieder den gebrochenen Vorderlauf einsetzen. Sie hat diese Attacke überlebt, aber es folgt ein paar Monate später noch eine weitere, die glücklicherweise glimpflich ausgeht. *Kira* und *Questa* werden keine Freundinnen. Aber sie jagen hervorragend zusammen.

Questa wird ein guter Loshund. Sie ist sehr mutig! Sie stellt die nachgesuchten Sauen meist nach kurzer Flucht. Sauen bis etwa 40 Kilogramm Wildbretgewicht werden von ihr gehalten. Sie unterstützt auch die Nachsuchen, die wir mit dem HS *Asam* angehen. Mit diesen Hunden ist meine Schweißhundstation, in der auch die beiden Kollegen Richard und Ingrid mitarbeiten, gut aufgestellt. In den Jahren 2005 bis 2009 führen wir jährlich über 300 Nachsucheneinsätze durch.

Dann verliere ich in den ersten Tagen des Jahres 2008 meinen jungen HS-Rüden *Asam*. Von da an arbeite ich wieder mit *Kira* und *Questa* allein. Anfang Januar des Jahres 2009 suchen und bringen wir sechs Sauen, meist Frischlinge von 25 bis 35 Kilo, zur Strecke. Einer dieser Schwarzkittel muss Träger des Aujeszky-Virus gewesen sein.

Meine Freunde Thomas und Bernd sind aus Norddeutschland angereist. Die beiden jungen Männer kommen regelmäßig im Winter, um mich bei Nachsuchen zu begleiten und an der einen oder anderen Drückjagd auf Sauen teilzunehmen. Eine größere Jagd ist noch für den 10. Januar angesetzt. Ich soll dabei die Jagdleitung übernehmen.

Am 8. Januar suchen wir bereits die sechste Sau in einer Woche nach. Nach getaner Arbeit fahren wir Richtung Heimat. Im Auto natürlich auch die Hunde. *Questa* liegt auf dem Rücksitz. Sie hustet plötzlich. Zuerst schenke ich diesen Lautäußerungen noch keine Aufmerksamkeit. Aber mit zunehmender Dauer der Fahrt wird das Husten mehr. Zu Hause werden die Hunde versorgt. *Questa* nimmt zwar wie immer das Futter auf, aber das Husten lässt nicht nach, nein, es wird stärker.

Am nächsten Morgen fahre ich in die Tierarztpraxis. Die Tierärztin vermutet Zwingerhusten und verabreicht entsprechende Medikamente. Ich besorge auch noch Hustensaft. Dennoch – dieser Husten wird mehr. Am Abend haben wir eine letzte Besprechung für die am nächsten Tag stattfindende Jagd. Im Jagdhaus Boxberg erreicht mich der Anruf meiner Frau. *Questa* geht es schlecht. Sie nimmt keine Nahrung mehr auf und hat Schaum am Fang.

Zu Hause angekommen, erlebe ich, wie der Hund mehr und mehr apathisch wird. In der Nacht fahre ich noch mal zu meinen Tierarztfreunden. Die Hündin bekommt eine krampflösende Spritze, denn sie kann ihren Fang ganz offensichtlich nicht mehr öffnen. Keine Besserung. Um 6:30 Uhr bringen mein Freund Thomas und ich den Hund im Schnelltempo nach Trier in die dortige Tierklinik.

Ich trage meine geliebte Hündin vom Auto in die Aufnahme. Aus ihrer Nase fallen dabei einige Bluttropfen zu Boden. *Questa* wird auf eine fahrbare Trage gelegt. Noch einmal dreht sie ihren Kopf zu mir. Ich darf nicht mit. Eine Arzthelferin fährt sie in einen der zahlreichen Behandlungsräume. Die Tür schließt sich … und ich ahne Schlimmes.

Diesen Blick zwischen uns habe ich nie vergessen. Es war unsere letzte Verständigung, unser Abschiednehmen. *Questa* verstarb wenige

Stunden später, ohne dass ich sie noch mal in den Arm hätte nehmen können. Wieder einmal habe ich einen Hund sehr früh verloren. *Questa* ist gerade mal 4 Jahre alt geworden.

Aber woran ist sie gestorben? Diese Frage treibt mich um. Neben der Trauer sind es die Sorgen, ob hier eventuell Gift im Spiel ist. In der Tierklinik ist man auch nicht schlüssig. Herkömmliches Gift scheidet aber nach den dortigen Befunden aus. Gunter und Sabine, meine Tierärzte vor Ort, vermuten AK (Aujeszkysche Krankheit). Gunter entnimmt dem toten Hund entsprechende Proben und sendet diese zur Pathologie in die tierärztliche Universität nach Gießen.

Bis der Befund eingetroffen ist, wird mein gesamtes Grundstück nach Giftködern abgesucht. Dann kommt das Ergebnis. Es lautet so, wie Gunter es vermutet hatte: AK.

Questa hatte keine Symptome, wie sie bei Auftreten dieser für Hunde immer tödlich verlaufenden Viruserkrankung in der Literatur beschrieben werden. Aujeszky ist eigentlich eine Krankheit, die Schweine befällt. Leider ist sie aber auf Hunde übertragbar. Man nennt sie auch „Juckpest" oder „Pseudowut".

Es gibt Anzeichen, die sehr dem Befall von Tollwut ähneln. Typisch bei Hunden ist aber meist ein ungewöhnlich stark auftretendes Juckverlangen. Hunde kratzen sich dann oft den gesamten Kopf blutig. Im Laufe der Krankheit, die meist innerhalb weniger Tage zum Tod führt, treten Lähmungserscheinungen, insbesondere im Kieferbereich auf. Gejuckt hat sich *Questa* nicht, die Lähmung trat aber bei ihr nach einem Tag deutlich hervor.

An einer Stelle in meinem ehemaligen Forstbezirk, dort wo Rehe, Sauen, Hirsche ihre Fährte sicher auch über ihr Grab ziehen, dort liegt sie neben *Treu*, *Asam*, *Bodo*, *Basko*, *Don*, *Arras* und *Edda*. Oft fahre ich zu der Grabstelle. Ein Lebensbaum und ein Riesenmammutbaum (*Sequoia gigantea)* sind auf dem gemeinsamen Grab meiner treuesten Jagdfreunde von mir gepflanzt worden. Der Mammutbaum soll die Größe dieser an seinen Wurzeln beerdigten Jagdhunde symbolisieren. Mögen sie in ihrer jetzigen Welt so jagen, wie sie es unter meiner Führung immer tun konnten.

Meine letzten in die ewigen Jagdgründe übergewechselten Hunde habe ich aber ganz nahe bei mir behalten wollen. Meine fantastische HS-Hündin *Kira* und meine mir immer so vertrauende Deutsch-Drahthaarhündin *Zola* haben ihre letzte Ruhe auf meinem Grundstück gefunden. Auch *Bobby* liegt an ihrer Seite.

Ja, es waren tolle Jahre, in denen mich Hunde begleiteten, die zu den Besten der Besten zählten. Jeder, der ihre Arbeit erlebt hat, wird dies bestätigen. Viele Tausende verletzte Stücke Wild haben wir gefunden und verkürzten manches Leid. Aber selbst wenn diese Hunde überdurchschnittlich gut und erfahren waren, alle kranken Tiere konnten wir nicht zur Strecke bringen. Es gibt immer wieder Situationen, die eine Nachsuche scheitern lassen.

Manchmal machen wir auch Fehler oder schätzen eine Situation falsch ein. Auch das passiert mir noch, obwohl ich auf über 50 Jahre intensive Nachsuchenarbeit zurückblicken kann.

QUO VADIS JAGD?

Lange habe ich mir überlegt, ob ich zur Entwicklung der Jagd, so wie ich sie sehe, etwas sagen soll. Aber wenn man so lange dabei ist und auch mehrere jagdpolitische Ämter innehat und -hatte, dann fällt es recht schwer, zur jetzigen Entwicklung in der Jagd und um die Jagd zu schweigen.

In diesen Tagen und Monaten beherrscht die Angst vor der Afrikanischen Schweinepest nicht nur die Jägerschaft, sondern vor allem Bauern und Politik. In Osteuropa hat sich die Seuche in den letzten Jahren massiv verbreitet. Es wird ein Überspringen nach Deutschland befürchtet. Vielleicht ist das bei der Veröffentlichung dieses Buches schon passiert.

Nun fühlt sich die Politik auch im Interesse ihrer Wählerschaft verpflichtet, Maßnahmen zu treffen, die sowohl ein Einschleppen als auch die Verbreitung verhindert, falls die ASP bei uns angekommen sein sollte. Da Haus- wie Wildschweine von der Krankheit befallen werden können, ist das Augenmerk natürlich auf beide Spezies gerichtet.

Die Schwarzwildbestände haben europaweit seit den Achtzigerjahren stetig zugenommen. Die jährlichen Gesamtabschusszahlen belegen das und verlangen von den Jägern nach wie vor eine intensive Bejagung. Gebetsmühlenartig wird der grünen Zunft vonseiten der Politik

gepredigt, dass alles unternommen werden müsse, den Schwarzwildbestand zu reduzieren. Hierzu werden dann auch immer wieder neue „Jagdmethoden" zugelassen, ja, geradezu ihre Anwendung gefordert, die in unserer jagdlichen Rechtsauffassung bisher dem Wildererwesen zugeordnet wurden.

Nicht nur die Einführung von Schalldämpfern ist hier zu nennen. Wobei ich der Auffassung bin, dass diese Zulassung durchaus vernünftig erscheint, da hiermit das Schießen erleichtert, die Gesundheit des Schützen gefördert und die Schallgeräusche nicht gänzlich unterbunden werden.

Sehr viel kritischer sehe ich da schon die Zulassung von Taschenlampen bei Schussabgabe. Dass so, wie der Gesetzgeber diese Neuerung erlassen hat, eine ordentliche Jagdausübung rein technisch nicht gewährleistet ist, kann jeder selbst einmal ausprobieren. Der Einsatz ist zwar zugelassen, aber der Lichtspender darf nicht mit der Waffe verbunden sein. Im Klartext: Mit der einen Hand wird die Lampe gehalten und das Zielobjekt angeleuchtet, mit der anderen Hand soll sicher geschossen werden. Ganz schön schwierig, wenn keine zweite Person den Jäger begleitet.

Aber diese handwerkliche Herausforderung mag ja noch zu bewältigen sein. Mich irritiert vielmehr die pädagogische Wirkung, die mit der Verkündung dieser Zulassung verbunden ist. Jahrhundertealte Wilderermethoden werden plötzlich als ein Allheilmittel zur Jagdausübung herangezogen und legalisiert. Ja, es wird sogar um deren Anwendung förmlich gebeten.

Dazu kommen dann noch die technischen Neuerungen. Hier sind zu nennen: Nachtsichtgeräte, Wärmebildkameras und Drohnen. Zwar sind Nachtzielgeräte (noch) verboten, aber es wird ja schon offen kommuniziert, dass solche Geräte bereits in der Praxis genutzt werden, da dies auch wohl in Kürze erlaubt werde – genauso wie die bisher verbotenen künstlichen Lichtquellen.

Diese Denk- und Handlungsweise hat sich nach meinen Erfahrungen in der letzten Zeit extrem verbreitet. Ich hätte nie geglaubt, dass ein solch fundamentaler Wandlungsprozess in der Jagdausübung sich so schnell manifestieren würde. Sicher gibt es noch einen Teil innerhalb der Jägerschaft, der diesen Tabubruch nicht mitträgt, aber ich befürchte, dass diese Spezies allmählich aussterben oder als altbacken abqualifiziert wird.

Galt die Jagdausübung bisher als eine Art von Naturerleben, so stelle ich fest, dass für diese „Neujäger" etwas anderes damit verbunden sein muss, als dem Zwitschern der Vögel zu lauschen oder das Blühen von Blumen, Bäumen und Sträuchern zu beobachten. Hightechjäger, denen es nur darauf ankommt, mit immer ausgeklügelteren Methoden dem Wild habhaft zu werden, beherrschen zunehmend die Szenerie.

Mit der Anwendung von Restlichtverstärkern und Wärmebildkameras wurde auch der letzte Verbündete des Wildes, nämlich die schützende Dunkelheit, außer Gefecht gesetzt. Wenn jetzt nicht, insbesondere mit dem Rotwild, sehr behutsam umgegangen wird, dann werden in der Forst- und Landwirtschaft trotz angepasster Wilddichten die Schäden zunehmen.

So manches Mal wandern die Gedanken zurück in meine jagdliche Vergangenheit. Ich denke dann: „Welch ein Glück, so früh geboren worden zu sein und eine Jagdart und Jagdmethodik erlebt zu haben, die im Wesentlichen von Ethik, Fairplay gegenüber dem Wild, Waidgerechtigkeit und Hegebemühungen getragen wurde.

Mit welch einer Vorfreude war jährlich für mich die Bockjagd verbunden. Früh im Jahr suchte ich mir einen Bock aus, auf den ich waidwerken wollte. Oft habe ich viele dutzend Ansitze gebraucht, um

endlich den ausgesuchten Kandidaten zu erlegen. Jeder erlegte Bock war und wurde für mich zu einem besonderen Erlebnis, an das ich mich heute noch erinnern kann. Wenn ich auf die Trophäenwand in meinem Jagdzimmer schaue, dann kann ich fast von jeder Trophäe noch die Erlegungsgeschichte erzählen. Natürlich habe auch ich den einen oder anderen Gehörnträger zu früh aus der Wildbahn entnommen, das will ich überhaupt nicht verschweigen, aber mein Jagen war immer auf die Erlegung eines bestimmten Stück Wildes ausgerichtet.

Heute erlebe ich bei der großen Masse der Jagdscheininhaber, dass es nicht mehr auf Qualität, sondern auf die Quantität der Erlegungsstatistik ankommt. Rehe werden oft wie Ungeziefer behandelt und verfolgt. „Nur ein totes Reh ist ein gutes Reh!", tönen manche meiner einstigen Forstkollegen. In vielen Revieren überschreitet das Durchschnittsalter der Rehe keine 2 Jahre, obwohl die natürliche Lebenserwartung eines Rehs bei plus/minus 10 Jahren liegt.

Man kann dazu stehen wie man will. Sicher ist teilweise die Rehwilddichte zu hoch und die Verbissschäden sind beträchtlich. Ich habe auch Verständnis, wenn in forstlichen Aufbaubetrieben für eine gewisse Zeitspanne der Rehbestand möglichst niedrig gehalten wird. Wenn aber ohne Vorhandensein einer vielartigen Begleitflora in reinen Fichtenmonokulturen auf jedes Reh das Feuer eröffnet wird, dann fehlt mir dafür das Verständnis. Wenn bei Treib- und Drückjagden auf Rehe ohne Rücksicht auf Geschlecht und soziale Stellung gefeuert wird – zum Teil auch noch so schlecht, dass anschließend die Stücke unverwertbar in der Tonne landen –, dann hat das mit meiner Auffassung von waidgerechter Jagd nichts mehr zu tun.

Aber es ist nicht nur der technische Fortschritt schuld. Die gesamte Menschheitsgeschichte ist von der Weiterentwicklung technischer

Hilfsmittel geprägt. Zwar ging diese Entwicklung noch nie so rasant voran wie in den letzten 100 Jahren, aber den Prozess können und wollen wir ja auch nicht stoppen. Auch bei der Jagdausübung werden wir von permanenten Neuerungen überrollt. Ich habe vorweg schon einige genannt. Jede Medaille hat zwei Seiten. Die Frage, die sich stellt, ist immer dieselbe: „Was machen wir daraus?"

Nachtsichttechnik kann zu sauberem Ansprechen und sauberem Schießen entscheidend beitragen. Sie kann aber auch, wie bereits erwähnt, dem Wild die letzte Chance nehmen, sich in der Wildbahn noch unentdeckt zu bewegen. Diese Ausnutzung des technischen Vorteils wird vielfach brutal ausgespielt. Und sie wird nicht nur bei der Reduzierung von Schwarzwildbeständen genutzt, sondern auch auf alle anderen Wildarten angewendet.

Beispiele dafür erlebe ich ständig. Vor wenigen Tagen suchte ich einen Rehbock nach. Auf meine Frage, wann der Schütze ihn beschossen habe, kam ohne Zögern und ohne einer Spur von Unrechtsbewusstsein die Antwort: „Heute Nacht!" Nur zur Klarstellung: Für alles Schalenwild, außer Schwarzwild, gilt bei uns ein Nachtjagdverbot.

In diesem Fall war ich selbst überrascht. Wenn ich zur Nachsuche auf Rotwild gerufen werde, habe ich mir schon angewöhnt, nicht nach dem Zeitpunkt der Schussabgabe zu fragen. Ich möchte einerseits den Schützen nicht in die Lage bringen, mich belügen zu müssen, und andererseits schürt das dann auch die Zweifel an den ganzen anderen Aussagen des Schützen.

Bei all dem von mir empfundenen Frust, den auch mein Amt als Kreisjagdmeister in diesem Landkreis, der jagdlich sicher zu einem der wildreichsten und vielfältigsten von Rheinland-Pfalz gehört, mit sich bringt, will ich nicht den Blick auf die anständigen Jäger verlieren.

Ich gebe zu, es fällt mir oft schwer. Dies ist so ähnlich, wie es auch in meiner Laufbahn als Forstmann war. Man schaut auf einen großen Waldkomplex und entdeckt sofort die zehn trockenen, braun leuchtenden Käferbäume. Sie fallen ins Auge. Dass daneben Hunderte von gesunden grünen Fichten wachsen, nimmt man in dem Moment überhaupt nicht wahr. Durch das „Nachsuchengeschäft" wird mein Blick allerdings auch besonders auf die Schwachstellen gelenkt.

So nehme ich (leider) viel zu häufig die ordentlichen, waidgerechten und fairen Jäger nicht mehr wahr, aber es soll sie ja in dieser Zeit auch noch geben!

Birka v. d. Sieben Steinhäusern und Diana aus dem Sickinger Land.

DER STILLE TOD

Wer zur Jagd geht, tötet auch! Wer Wild erlegt, muss damit rechnen, dass in dem einen oder anderen Fall die Kugel (oder Schrote) einmal nicht sofort das Leben des Wildes beendet. Unzulänglichkeiten des Schützen wie technische Fehlerquellen sind hierfür die Ursachen. Gänzlich vermeiden lassen sich solche unliebsamen Vorkommnisse nicht. Ihre Quote allerdings gering zu halten, muss das Kernanliegen jeden Jägers sein. Dafür ist es unabdingbar, dass auch die Schießfertigkeit ständig trainiert wird.

Das Vorhandensein von ausreichend Schießständen und/oder Schießkinos ist zu diesem Zweck eine Voraussetzung, aber auch der Wille und das Verantwortungsbewusstsein jeden Jägers, diese Möglichkeiten wahrzunehmen. Wir stellen Jahr für Jahr fest, dass immer wieder die gleichen Leute zu den Übungsschießen von Hegeringen oder Kreisgruppen antreten. Das sind meistens auch noch diejenigen, die am besten mit ihrer Waffe umgehen können.

Man merkt das dann auf den herbstlichen Drückjagden. Wie viele schießen auf Wild, ohne vorher einmal ihre Waffe zur Kontrolle auf eine Scheibe benutzt zu haben?! Darüber hinaus werden gerade bei Gesellschaftsjagden oft Schüsse so leichtfertig abgegeben, als wenn dem Schützen nicht bewusst ist, dass er ein Lebewesen beschießt, das

genauso einem Schmerzempfinden unterliegt wie wir Menschen. Ich kann nicht verstehen, wie man ohne Not einem Tier solche Leiden zufügen kann. Ich denke aber auch, dass viele Jäger sich wenig oder keine Gedanken machen, wie es so einem Stück nach erlittener Schussverletzung ergeht.

Als Schweißhundführer werde ich seit vielen Jahrzehnten mit dem Leid des Wildes konfrontiert. Ich gebe zu, mit zunehmendem Alter verkrafte ich das immer schwerer, dennoch bin ich auch irgendwie erleichtert, wenn wir wieder einmal eine solche Tragödie beenden konnten.

Es ist Sommer, der heiße Sommer des Jahres 2018. Oft zeigt das Thermometer über 30 Grad im Schatten. Eigentlich sollte man bei solchen Temperaturen keine Jagd ausüben. Denn was passiert, wenn ein Stück nicht im Feuer liegt? Wird es erst am nächsten Morgen verendet gefunden, ist es mit Sicherheit für den menschlichen Verzehr nicht mehr tauglich. Nachsuchen bei solcher Hitze bergen neben den bekannten Gefahren zusätzliche Risiken, weil bei hohen Außentemperaturen die Hunde sehr schnell nicht mehr in der Lage sind, ihre Körpertemperatur herunterzukühlen. Ist ein Hund aber erst einmal „warmgelaufen“, so geht zu viel Flüssigkeit im Blut verloren, dieses dickt ein und beschwört die Gefahr von Kreislauf- und Organversagen herauf. Das habe ich, wie bereits beschrieben, mehrfach schmerzlich erfahren müssen.

Aber in einer Phase, in der alle Welt schreit: „Die Wildbestände müssen verringert werden!“ – „Die ASP steht vor der Haustür, deshalb müssen die Schwarzwildbestände reduziert werden.“ – „Mit dem Rotwildabschuss muss frühzeitig im August begonnen werden!“, wird der Jäger geradezu vergewaltigt, jagen zu gehen, auch wenn es aus vorgenannten Gründen weder zweckmäßig noch verantwortbar erscheint.

Ich führe seit Mitte der Siebzigerjahre eine genaue Statistik über alle meine Nachsucheneinsätze. Ich weiß genau, wann ich wo welches Stück Wild nachgesucht habe. Ich habe alle wichtigen Angaben, wie Zeitpunkt, Ort, Wildart, Verletzungsart, Länge der Riemenarbeit und der Hetze, Wildbretgewicht und das Ergebnis des Einsatzes notiert. Daher kann ich heute auf die Daten von über 7.000 Einzeleinsätzen zurückgreifen, die ich mit meinen Hunden absolviert habe. Trotz des hohen Erfahrungsschatzes, den sich meine Hunde meist schon in einer relativ kurzen Einsatzzeit angeeignet haben, sind dennoch zahlreiche Nachsuchen nicht von Erfolg gekrönt gewesen.

Ich spreche hier von Wild, das mehr oder weniger deutlich Pirschzeichen von einer Schussverletzung oder auch von einem Verkehrsunfall hinterlassen hat, wir aber nicht in der Lage waren, dieses „kranke“ Tier zu erlösen. „Nur“ 63 Prozent aller verletzten Stücke wurden von mir, meinen Hunden und meinen Helfer letztendlich erfolgreich zur Strecke gebracht.

Dies sind seriös ermittelte Ergebnisse. Es soll Leute geben, die behaupten, jedes kranke Stück finden zu können. Wenn ich solche Aussagen höre, gibt es zwei Möglichkeiten: Diese Personen haben noch nicht viele Stücke nachgesucht oder sie sind jagdliche Scharlatane.

Sicher haben auch die äußeren Umstände Einfluss auf Erfolg oder Misserfolg. Die Eifel mit ihren zum Teil sehr steilen Hanglagen, den großen Waldkomplexen, den riesigen Schwarzdorn- und Brombeerverhauen und vor allem mit den vielen stark frequentierten Straßen ist nicht gerade ein leichtes Nachsuchengebiet.

Jede Fehlsuche auf ein verletztes Stück Wild geht an mir und meinen Helfern nicht so einfach vorbei. Wir machen uns im Nachhinein viele Gedanken darüber, warum wir nicht zum Erfolg gekommen

sind. War die Verletzung wirklich so gering, dass deshalb nicht an das Stück heranzukommen war? Haben wir als Team einen Fehler gemacht? Haben wir zum falschen Zeitpunkt den Hund geschnallt oder überhaupt nicht geschnallt? Alles Fragen, die mich und meine Helfer stets verfolgen, wenn wir eine Nachsuche beendet haben.

Dann sind da aber auch noch die Gedanken, die ich stets versuche, möglichst schnell zu verdrängen. Gedanken über das Leid des verletzten Stückes. Ich habe gelernt, diese Bilder, wie ein solches Tier sich quält, in eine Schublade zu stecken und diese Schublade möglichst schnell zu schließen. Das ist ein Eigenschutz! Ich darf nicht mit jedem Tier selbst sterben. Dann kann ich diese Arbeit nicht mehr durchführen. Das Leid ist oft unermesslich!

Besonders hart fühle ich mich getroffen, wenn wir ein Stück nicht direkt zur Strecke bringen konnten und ich gebeten werde, noch mal zu kommen, weil das erfolglos nachgesuchte Wild wiedergesehen wurde.

Anfang August werde ich zu einer Nachsuche auf einen geringen Hirsch gerufen. Am Anschuss finden wir Knochensplitter und ein abgeschossenes Ende des Geweihes. Knochen und Geweihteil passen überhaupt nicht zusammen. Mir wird erklärt, dass am Vorabend kurz nach Schussabgabe der Revierinhaber mit seinem Dackel nachgesucht habe. Er hat im Umfeld die Einstände abgesucht, habe auch Schweiß gefunden, aber den Hirsch natürlich nicht. Hier wurde aus meiner Sicht schon alles getan, den Erfolg einer Nachsuche auf ein Minimum zu begrenzen.

Wie kann man kurz nach Schussabgabe einem Stück Wild hinterherlaufen, von dem am Anschuss Knochensplitter gefunden werden? Jedem Schützen muss doch klar sein, dass Knochensplitter zu den Pirschzeichen gehören, die immer darauf schließen lassen, dass das

verletzte Tier noch nicht verendet ist. Ein so verletztes Stück Wild muss unbedingt in Ruhe gelassen werden, um es letztlich wirklich zur Strecke zu bringen und damit erlösen zu können. Dafür muss Wundfieber eintreten. Das dauert aber einige Stunden. Aber nur dadurch hat ein Schweißhund eine reelle Chance, es schnell zu stellen, damit dem Stück der Fangschuss angetragen werden kann.

Nachsucheneinsätze verlangen auch gute Sichtverhältnisse. Diese sind selbst bei Verwendung teurer Lampen nur bei Tageslicht gegeben. Darüber hinaus muss jeder Jäger wissen, dass Wild, das noch nicht verendet ist, als allererstes immer versucht, die Flucht zu ergreifen.

Es bedarf deshalb für die Nachsuche eines Hundes, der nicht nur die Schnelligkeit, sondern auch die Wildschärfe und die Erfahrung hat, um ein verletztes Stück binden zu können, damit es die Flucht nicht mehr weiter fortsetzt. Wird das wie in dem beschriebenen Fall nicht berücksichtigt, dann sind auch für uns mit einer der erfahrensten Schweißhündinnen unseres Raumes die Voraussetzungen für den Erfolg von vornherein schlecht.

Birka arbeitet dennoch die Fährte, bestätigt durch regelmäßig vorhandene Schweißspritzer auf dem Boden etwa 150 Meter weit in einen Altholzbestand. Hier finden wir zwei Tropfbetten. Dort hat der Hirsch offenbar länger verweilt. Wahrscheinlich stand er hier, als am Abend Revierinhaber mit Dackel anrückten. Von dem Tropfbett aus wird ein Verfolgen schwierig. *Birka* bögelt und bögelt. Ihre Nase tief am Boden, hat sie jetzt den Turbo eingeschaltet.

Das intensive, tiefe Abschnüffeln der Oberfläche aus dicker Nadelstreu ist auch akustisch gut wahrzunehmen. *Birka* macht dies immer, wenn eine Fährte offenbar sehr schwer zu riechen ist. Aber auch hier schafft sie es peu à peu die Fluchtrichtung anzuzeigen. Hin und wieder

finden wir winzige Tröpfchen Schweiß. Sie sind nicht größer als der Kopf einer Stecknadel. Aber der Hund bringt uns weiter durch die Steilhänge des Ahrgebirges.

Auf einer Anhöhe liegt eine Fichtendickung, es ist eher schon ein schwaches Baumholz, in dem man ein besseres Sichtfeld hat. *Birka* nimmt die Nase hoch, stellt ihre Behänge nach vorn wie ein angreifender Elefant und gibt Laut. Ein untrügliches Zeichen, dass das kranke Stück sich vor uns befindet. *Coco* wird geschnallt. Sie stürmt nach vorn und sofort ist ihr heller Hetzlaut zu vernehmen.

Wild können wir nicht erkennen. Zu früh sind die Stücke, es sind mehrere, wie wir schnell feststellen, auf den Läufen gewesen und haben flüchtig ihren Einstand verlassen. Gunter läuft aus dem Fichtenkomplex und sieht noch, wie Alttier mit Kalb das Buchenaltholz hangabwärts durchqueren, verfolgt von *Coco*.

Nein, das ist nicht der kranke Hirsch. *Coco* bemerkt das auch sehr schnell und bricht nach 200 Metern die Verfolgung ab. Hieran erkennt man den erfahrenen Loshund, der die Verfolgung gesunden Wildes sofort abbricht, wenn er seinen eigenen Irrtum erkannt hat.

In der Dickung saugt sich *Birka* immer noch am Schweißriemen auf einer entgegengesetzt verlaufenden Fährte fest. Klar, das ist das kranke Stück. Aber jetzt noch mal *Coco* hinterherzuschicken, erscheint uns hoffnungslos und auch zu gefährlich. Warum? Die Sonne steht hoch am Himmel. Das Thermometer ist zwischenzeitlich auf 34 Grad geklettert. Alleine die vorherige kurze Hetze hat die Drahthaarhündin schon stark geschlaucht.

Wir folgen durch die Steilhänge der Eifel dem stramm im Riemen liegenden Schweißhund. Die Hitze ist unerträglich. Ich bewundere *Birka*, die unbedingt zum Stück will. Aber der Hirsch hat einen zu

großen Vorsprung. Zudem haben wir mittlerweile den Kontakt zu unserem Begleitfahrzeug verloren. Wir haben kein Wasser. Die Bäche sind in diesem Jahrhundertsommer 2018 total ausgetrocknet. Sollte es also zu einer erneuten Hetze kommen und der Hund überhitzt sich – wir hätten kein Wasser zum Kühlen. Da zudem ein Handy-Funkloch in dieser Gegend obligatorisch ist, könnten wir im Ernstfall keine schnelle Hilfe erwarten. Nach Abwägung all dieser Faktoren entschließen Felix und ich uns, die Nachsuche abzubrechen.

Ich will an dieser Stelle betonen, dass es in meiner langen Nachsuchentätigkeit sehr selten vorgekommen ist, dass ich wegen zu großer Hitze einen Einsatz abbrechen musste. Hier wäre eine weitere Verfolgung aber für Mensch und Tier (Hund) mit zu großen Risiken verbunden gewesen.

Zehn Tage nach der Fehlsuche erhalte ich einen Anruf vom selben Revierinhaber, der mir berichtet, dass er am Morgen einen geringen Hirsch auf einer Wildwiese habe stehen sehen, der vorn einknickte und völlig abgekommen schien. Da er kein Gewehr dabei hatte, musste er dieses erst einmal vom Jagdhaus holen. Als er wieder an der Wildwiese eintraf, war die Bühne leer. Er habe mit seinem Teckel die angrenzenden Einstände abgesucht, aber nichts mehr vom beobachteten Hirsch gesehen. Frage an mich, ob ich noch mal mit meinen Hunden kommen könnte. Natürlich sage ich meine Hilfe zu.

Mit *Birka* ist der Abgang von der Wildwiese schnell gefunden, obwohl – wie nicht anders zu erwarten bei einer Altverletzung – keine Pirschzeichen zu finden sind. Die Fährte führt hangaufwärts. Wir kommen hinter der nächsten Anhöhe vor eine vielleicht zwei Morgen große Fichtennaturverjüngung. Mir schlägt vor der Dickung schon ein starker Verwesungsgeruch entgegen. Kaum in den bürstendichten

Verhau eingetaucht, poltert vor uns schweres Wild weg. *Birka* und *Coco* werden zeitgleich geschnallt. Nach etwa einhundert Metern haben sie den Schmalspießer gefangen und wir können – oder besser gesagt, wir müssen – das Drama mit dem Waidblatt beenden.

Vor uns liegt ein Hirschlein, dessen gesamtes Leid ich jetzt noch glaube in seinen sterbenden Augen zu erkennen. Er ist ausgemergelt. Weit aufgerissen seine sonst so klar strahlenden Lichter. Sein linker Vorderlauf ist zerschossen. In der Wunde wimmelt es von Maden. Das Fleisch um den Schusskanal ist bereits in einem Verwesungszustand und stinkt entsetzlich. Die Hüftknochen stehen unter der Decke weit hervor.

Es ist ohne Zweifel der von uns zehn Tage zuvor nachgesuchte Hirsch. Beim Anblick dieses armen, sich seit Tagen quälenden Hirsches kann ich meine Tränen und meine Selbstvorwürfe nicht verbergen. Muss ich mir ein Mitverschulden für diese Tragödie vorwerfen? Hatte ich wirklich alles getan, als wir die Nachsuche aufgaben? Hätten wir vielleicht am Abend, als es etwas abgekühlt war, noch mal ansetzen sollen? Fragen, die sich jetzt erübrigen.

Auch woher das abgebrochene Geweihteil stammt, kann nicht geklärt werden. Offensichtlich hat noch ein zweiter Geweihträger vor oder hinter dem am Lauf getroffenen Hirsch, gestanden. Durch die Kugel oder einen Geschosssplitter wurde eine Sprosse an einer Geweihstange abgetrennt. Ob dadurch auch noch eine schwerere Verletzung eingetreten ist, wurde von uns nicht festgestellt.

Fest steht: Hier hat sich zehn Tage lang eine stille Tragödie abgespielt, die wir nur durch Zufall beenden konnten. Ich war zwar nicht der Schütze, ich habe den schlechten Schuss nicht angebracht! Aber ich bin meinen Ansprüchen in diesem Fall nicht gerecht geworden. Das werfe ich mir vor. Auch deshalb hat dieses Tier so lange leiden müssen.

Ich weiß auch, dass dies nur ein Fall von zahlreichen Tragödien ist, die sich in unseren Wäldern abspielen. Wie viele Stücke werden überhaupt nicht nachgesucht. Oder es wird mit ungeübten und unerfahrenen Hunden und Führern die Nachsuche frühzeitig abgebrochen. Wie phlegmatisch und verantwortungslos wird das Ergebnis eines schlecht angetragenen Schusses oft behandelt.

Ich habe hier meinen eigenen Fehler und die Folgen beschrieben. Sie haben bei mir eine Wunde hinterlassen. Es ist illusorisch zu glauben, dass selbst hocherfahrene Schweißhundegespanne jedes verletzte Stück Wild zur Strecke bringen, aber die Gesamterfolgsquote ist bei den sich ständig im Einsatz befindlichen Hundeführern einfach höher.

Leider ist in den letzten Jahren eine inflationäre Zunahme an Schweißhunden zu verzeichnen. Das Führen von roten Hunden gehört scheinbar zum guten Ton in der Jägerei und wird auch (leider) mehr zu einem Volkssport, obwohl die Nachsuche zu den Grundelementen waidgerechten Jagens gehört. Da zu viele Hunde, die weder die Qualifikation noch die Erfahrung und die Übung besitzen, aus reinen Image-Gründen zu Nachsuchen eingesetzt werden, leiden viele Stücke Wild zusätzlich.

Und so kommen folgende Abläufe vermehrt vor: Jäger, denen einmal ein Schuss nicht wie erhofft gelingt, bedienen sich eines Hundes oder Gespannes, von denen sie nicht wissen, ob diese Helfer auch die nötige Qualifikation besitzen. Kommt ein Schweißhund oder einer, der so aussieht wie ein Schweißhund, zum Einsatz und wird das krankgeschossene Stück nicht gefunden, dann wird mit dem Argument, dass ja ein Schweißhund dagewesen sei, das Gewissen beruhigt und das Wild sich selbst überlassen.

Jedes verletzte und letztlich nicht gefundene Stück Wild erleidet eine für uns selten wahrnehmbare Tragödie. So wie es dem Hirsch, von dem

ich anfangs berichtete, ergangen ist, so ergeht es fast allen Stücken. Vor allem denen, die in der warmen Jahreszeit verletzt werden. Auch kleine Wunden werden von Fliegeneiern eingedeckt und 24 Stunden später haben sich Maden daraus entwickelt.

Das ganze Leid wird mir und meinen Helfern noch mal deutlich vor Augen geführt, als wir im vorhergehenden Sommer zu folgender Nachsuche gerufen werden. Spaziergänger haben eine schwer verletzte Sau am Wegesrand hocken gesehen. Diese Menschen, wohlgemerkt Nichtjäger, informierten sofort den Jagdaufseher. Als dieser dort eintraf, war das Stück verschwunden.

Er benachrichtigt wiederum mich. Ich lasse *Birka* an der angezeigten Wegestelle vorhin suchen. Sie verweist und fällt sofort eine Fährte in die angrenzende Dickung hinein an. Keine einhundert Meter innerhalb der Dickung stoßen wir auf die Bache, die dort kauert. Sie erhält sofort den Fangschuss. Auch hier sehen wir ein unbeschreiblich leidvolles Bild.

Das Stück hat einen hohen Vorderlaufschuss, wobei gleichzeitig wohl auch das Brustbein mit verletzt worden ist. Im Bereich der Wunde ist das Fleisch bereits verfault. Im unteren Bereich des verletzten, nur noch an Fetzen hängenden Vorderlaufes sind Bissstellen zu entdecken. Hier hat das leidende Schwein offenbar versucht, sich den Lauf selbst abzubeißen.

Es ist auch für mich ein grausames und total trauriges Bild, das wir hier geboten bekommen. Dieses Stück ist wahrscheinlich überhaupt nicht oder stümperhaft nachgesucht worden. Ich verschweige nicht, dass in solchen Momenten in mir die Wut hochsteigt. Wut gegenüber Menschen, die aus welchen Gründen auch immer nicht alles tun, um das durch sie selbst verursachte Leid an einem Stück Wild zu beseitigen oder wenigstens zu verkürzen.

Hätten die beiden Wanderer den zuständigen Jäger nicht informiert, hätten auch diesem Stück noch weitere qualvolle Tage bevorgestanden. Diese Bache wäre gestorben, so wie manches verletzte und nicht gefundene Stück Wild verendet, ohne dass wir davon etwas mitbekommen. Sie sterben draußen einen stillen, aber meist auch sehr qualvollen Tod. Der Tod tritt ein, wenn der Verursacher schon längst wieder zur Tagesordnung übergegangen ist, seine tägliche Arbeit verrichtet oder schon wieder auf die nächste Jagdbeute lauert.

Oft frage ich mich: Was geht in diesen Menschen vor? Sind sie sich überhaupt dessen bewusst, was sie mit ihrem schlechten Schuss angerichtet haben? Viele fragen nach einer erfolglos verlaufenden Nachsuche, ob ich glaube, dass dieses jetzt nicht gefundene Stück überlebt. Dann antworte ich meist: „Wenn ich der liebe Gott wäre, wüsste ich das. Aber jetzt kann ich nur hoffen, dass es bereits verendet ist. Denn dann würde es nicht mehr die Qualen durchstehen müssen, von denen wir uns keine Vorstellungen machen."

Ich möchte dieses Kapitel allerdings auch nicht beenden, ohne festzustellen, dass ich in meiner über fünfzigjährigen Tätigkeit als Schweißhundführer auch sehr viele Jäger angetroffen habe, denen ein schlechter Schuss sehr nahegegangen ist und die alles dransetzten, dass diese Kreatur zur Strecke kam. Ich habe betroffene und traurige Jäger erlebt, wenn sie die Folgen eines schlechten Schusses mit eigenen Augen erkennen mussten.

Ich weiß aber auch, dass es eine große Zahl von Jagdscheininhabern gibt, denen die Folgen eines schlechten Schusses weder bekannt noch bewusst sind. Wir müssen alles tun, um schlechte Schüsse zu vermeiden. Das beginnt mit einem regelmäßigen Üben und endet mit höchster Aufmerksamkeit bei der Schussabgabe. Trotzdem wird es sich nie ausschließen lassen, dass Schüsse nicht da sitzen, wo sie eigentlich sitzen sollen, nämlich im Leben. Ist es passiert, dann heißt es handeln. Handeln wie es der einfachste jagdliche Anstand erfordert, nämlich um jeden Preis mit den besten Hunden und Teams nachsuchen. Dann geht es nicht um Hundeausbildung, sondern um Abkürzen eines qualvollen Todes und auch um die Anwendung waidgerechter Prinzipien.

DD Questa v. d. Wupperaue.

NACHSUCHEN-NEBENFUNDE

Als wir vor wenigen Tagen anlässlich einer Nachsuche auf einen Überläufer wieder einmal etwas fanden, was wir nicht suchten, kamen mir spontan die vielen Nebenergebnisse in den Sinn, die sich im Laufe von Nachsuchen ergeben haben.

Wir suchten in der vergangenen Woche eine Sau, die tags zuvor beim Häckseln eines Maisschlages beschossen worden war. Das Stück war am Vortag schon von einer Jägerin mit ihrem Hund angesucht worden. Nach etwa 150 Metern im Wald stieß das Gespann auf die im Wundkessel sitzende Sau. Der Hund war offensichtlich aus Angst vor Schwarzwild nicht zu bewegen, die Fluchtfährte weiter zu verfolgen.

So kommt es, dass Felix und ich mit unseren Hunden anreisen, um die Nachsuche fortzuführen. Wie erwartet wird es keine große Sache, das Stück liegt verendet nach 200 Metern und ist bereits vom Fuchs angeschnitten worden.

Aber etwa dort, wo die Sau am Vortag den Kessel verlassen hat, bückt sich Felix, weil er am Boden etwas entdeckt, was Jäger vor uns wahrscheinlich verloren haben. Dort liegt das mit Patronen gefüllte Gewehrmagazin einer Blaser R8. Bisher hat sich zu keinem der Anwesenden eine entsprechende Vermisstenmeldung herumgesprochen, aber die bei der Nachsuche anwesenden Jäger wollen sich um die

Rückgabe an den rechtmäßigen Besitzer bemühen. Immerhin hat ein solches Magazin, das mit dem Abzugssystem verbunden ist, einen Wert von mehreren hundert Euro.

Aber nicht nur Jagdutensilien wurden in meiner langjährigen Tätigkeit als Hundeführer gefunden. Einer der spektakulärsten Funde war für mich in den 1970-iger Jahren, als ich den „Martin-Baker"-Schleudersitz aus einem amerikanischen Jagdbomber entdeckte, der wenige Tage zuvor in der Nähe abgestürzt war.

Zu dieser Zeit war ich als junger Forstmann ins Forstrevier Landscheid abgeordnet, das dem amerikanischen Militärflugplatz Spangdahlem vorgelagert ist. Die Zone im näheren Umkreis der Absturzstelle wurde von der Militärpolizei abgesperrt. Wir als zuständige Forstbeamte, in deren Bezirk die Maschine beim Landeanflug unplanmäßig zu Boden ging, durften nur einmal kurz zur Absturzstelle, um den forstlichen Schaden zu begutachten, den diese F16-Maschine durch den Wald gepflügt hatte. Weitere Auskünfte über den Hergang erhielten wir vonseiten der Amerikaner nicht.

Auffallend war allerdings, dass tagelang Einheiten der amerikanischen Streitkräfte durch den Wald streunten. Die Piloten hatten sich mit dem Schleudersitz gerettet. Ein Fallschirm hing noch in einer Kiefer, aus der der Pilot gerettet werden musste.

In dieser Zeit führte ich meinen Deutsch-Drahthaar *Arras vom Umbachhof*, über den ich in meinem ersten Buch „Auf den Knien durch die Eifel" berichtet habe. Nun ergab es sich, dass just in den Tagen nach dem Absturz der Militärmaschine in unserem Forstrevier ein Stück Schwarzwild beschossen worden war.

Ich führe mit meinem gut eingearbeiteten Hund die Nachsuche durch. Dabei durchqueren wir auch eine größere Kieferndickung.

Beim Durchkriechen der Deckung fallen mir plötzlich sehr viele frisch abgebrochene Kiefernäste auf. Unter den Ästen entdecke ich einen stählernen Sitz. Ich ziehe ihn aus dem Astgewirr. Auf der Unterseite sind zahlreiche Düsen angeordnet. Die Rückenlehne ist über einen Meter hoch. Oben befindet sich ein Griff, von dem zwei Drahtseile parallel zur Sitzplatte führen. An der Seite eingraviert ist der Name „Martin-Baker".

Jetzt ist mir klar, warum die Soldaten hier schon seit Tagen den Wald absuchen. Ich schleppe den Sitz aus der Dickung. Als pflichtbewusster Beamter unterrichte ich meine Dienststelle und diese dann die Flugleitstelle des Militärflugplatzes. Sofort wird ein Fahrzeug geschickt, um den Schleudersitz abzuholen.

Dass sich jemand offiziell dafür bedankt hat, ist mir heute nicht mehr in Erinnerung. Die Nachsuche musste ich umständehalber abbrechen.

Ein Fund ganz anderer Art ereignete sich anlässlich einer Nachsuche auf eine gebrechkranke Sau. In der Nähe von Barweiler, einem Ort etwa 5 Kilometer von meinem Wohnort Kelberg entfernt, wird abends ein Stück Schwarzwild beschossen. Ich bin morgens am Anschuss und erkenne anhand der dort vorgefundenen Pirschzeichen gleich, dass es sich eindeutig um einen Gebrechschuss handelt. Ich habe aber an diesem Vormittag noch einen wichtigen dienstlichen Termin, den ich nicht versäumen kann. Nachdem ich bereits eine weite Strecke gearbeitet habe, übergebe ich deshalb meinen Hund zur Fortführung der Arbeit an meine damaligen Helfer und langjährigen Begleiter Ingrid und Richard.

Die Sau ist im Laufe der Flucht einem Waldweg nachgezogen. Dieser Weg führt zur nahe gelegenen Bundesstraße, die vom Nürburgring nach Blankenheim führt. Etwa 100 Meter vor Erreichen der Straße entdecken die Nachsuchenführer plötzlich auf dem Weg eine kauernde männliche Person. Schnell erkennen Ingrid und Richard, dass dieser Mann sich in einer lebensbedrohlichen Lage befindet. Er hat sich mit einem scharfen Gegenstand die Pulsadern aufgeschnitten.

Nun ist schnelle Hilfe gefordert. Meine beiden Helfer reden auf den Mann ein. Sie wollen ihm Beistand leisten. Gleichzeitig wird per Handy der Notarzt angefordert. Die Wunden an den Armen werden notdürftig versorgt, bis der Krankenwagen da ist, was zum Glück nicht lange dauert. Der junge Mann kann gerettet werden. Leider erfahren wir nie, wie sein weiterer Werdegang verläuft. Eine Nachfrage unsererseits ans Krankenhaus bestätigt immerhin, dass er nicht mehr in Lebensgefahr ist.

Die Sau kommt nicht zur Strecke. Sie ist wahrscheinlich einen qualvollen Tod gestorben. Ein Mensch aber wurde gerettet, wenn auch durch Zufall.

Ein Zufall spielt auch in der nächsten Geschichte eine Rolle, war jedoch für den Verursacher sicher nicht so erfreulich: Im westlichen Teil unseres Landkreises werde ich zu einer Nachsuche auf ein Stück Schwarzwild gerufen. Es ist Winter, keine Schneelage, aber sehr strenger Frost. Ich führe zum damaligen Zeitpunkt meinen starken Hannoverschen Schweißhundrüden *Donar vom Prinzkopf. Donar*, genannt *Don*, ist ein Spezialist für Schwarzwildnachsuchen.

Ungezählte Laufschüsse habe ich mit diesem Rüden erfolgreich gearbeitet. In diesen Jahren ist uns kaum eine laufkranke Sau entkommen. So ist es auch hier. Die Röhrenknochensplitter, die ich am Anschuss finde, zeugen eindeutig von einem hohen Vorderlaufschuss. Bei dem beschossenen Stück handelt es sich um einen starken Frischling, der sich innerhalb einer größeren Rotte befand.

Während kranke Stücke sehr häufig den Rottenverband verlassen, das ist ein instinktiver, natürlicher Schutz für die übrigen Stücke, bleiben Frischlinge ausnahmsweise doch gern mal bei der Mutter. So ist es

Donar vom Prinzkopf.

auch hier. Wir verfolgen das Stück über mehrere Kilometer. Wenn ich Knochensplitter am Anschuss finde, äußere ich mich gegenüber den Anwesenden mit den Worten: „Hier liegt ein Tagewerk vor uns." Sauen mit Laufschüssen flüchten im Durchschnitt aller meiner ausgewerteten Nachsuchen im Schnitt 3,5 Kilometer weit. Ausnahmen liegen auch mal deutlich darüber oder darunter. 3,5 Kilometer sind eine lange Strecke, vor allem wenn es wie in der Eifel bergab und bergauf geht. Oft zusätzlich „gewürzt" von Hanglagen, die sehr steil und mit sehr vielen Dornen bewachsen sind. Da können 3 bis 4 Kilometer sehr lang werden, zumal wenn weite Strecken auf den Knien zurückgelegt werden müssen.

Wir folgen der Fährte, die hin und wieder durch abgestreiften Schweiß bestätigt wird. Der Boden ist steinhart gefroren. Wir haben bereits das

dritte Revier erreicht. Der zuständige Revierleiter Ernst K., ein Förster mit großer jagdlicher Passion, der sich genauestens auskennt, begleitet uns. Aus dem jetzt erreichten Jagdbezirk ist niemand bei unserer Nachsuche anwesend. Wir tauchen in eine große Dickung ein. Plötzlich stehen wir mitten in der Deckung vor einem großen Wildkörper.

Vor uns liegt ein starker Vierzehnender. Der Wildkörper des Rothirsches ist tiefgefroren. Die Sauen haben ihm die Eingeweide herausgeschält. Er ist quasi aufgebrochen. Ansonsten ist der Wildkörper unversehrt. Wir erkennen eindeutig ein kreisrundes Loch, das durch das Eindringen eines Projektils entstanden ist. Die Kugel sitzt etwa auf der letzten Rippe. Der Hirsch hat keinen Ausschuss, aber die Kugel hat sicher im Gescheide gesteckt, denn sie ist nicht zu finden. Sauen oder Füchse, die sich fleißig am Anschneiden beteiligt haben, werden sie verschluckt haben.

Fest steht aber auch, dass der Hirsch mit dieser Verletzung keine sehr weite Flucht zurückgelegt haben kann. Nach dem ersten Augenschein ist es ein Hirsch vom 7. bis 8. Kopf. Zur damaligen Zeit ein typischer Hirsch der Klasse IIa. Hirsche dieser Klasse waren für den Abschuss nicht frei. Der Verdacht liegt sofort nahe, dass unser Fund die Bestätigung dafür ist, dass so mancher Geweihträger im Dunkeln der Nacht irgendwo im Kofferraum eines großen Geländewagens verschwindet.

Nur hier ist es wohl so gewesen, dass der Beschossene nicht lag und kein firmer Schweißhund zur Nachsuche angefordert wurde. Möglich auch, dass die Erlegung nicht publik werden sollte. Die Angelegenheit wird später behördlicherseits verfolgt, weil der Revierleiter Anzeige erstattet. Der Verursacher kann aber nicht beweisfähig ermittelt werden. Es bleibt jedoch in Bezug auf die infrage kommenden Jagdpächter ein fader und begründeter Verdacht bestehen.

Wir suchen vom Hirsch aus weiter. *Don* nimmt die Fährte wieder auf. Im nächsten Brombeerverhau steckt die Rotte. Loshund *Basko* und HS *Don* können das kranke Stück aus der flüchtenden Rotte separieren und nach kurzer Flucht stellen bzw. fangen. Somit sind wir bei unserer gesteckten Aufgabe erfolgreich und erlösen den laufkranken Frischling von seinen Leiden. Aber auch hier haben wir wieder etwas zusätzlich gefunden, was wir nicht suchten!

Dass wir mehrere Sauen bei nur einer gemeldeten Nachsuche finden, ist nichts Außergewöhnliches. Gerade bei der Jagd an einer Kirrung wird häufig ein zweites Stück unbeabsichtigt getroffen, weil der Schütze nicht sorgsam darauf geachtet hat, dass hinter dem beschossenen Stück kein zweites steht. Erst vor wenigen Wochen haben wir auf der Fährte eines beschossenen Überläuferkeilers noch einen von Restgeschosssplittern getroffenen Frischling gefunden. Ich weise bei allen meinen Anschussseminaren immer darauf hin, dass vor Schussabgabe sorgfältig darauf zu achten ist, dass kein zweites Stück verletzt werden kann. Leider beachten zu häufig Jäger diesen Hinweis nicht!

Manchmal werde ich auch zu einer Nachsuche gerufen, um nicht die Sau, den Bock oder den Hirsch zu finden, sondern den in der Nacht entlaufenen Hund, nachdem versucht worden ist, bei völliger Dunkelheit selbst nachzusuchen. In einem Fall komme ich ins Revier und mir wird berichtet, dass der Teckel in der Nacht samt Leine bzw. Schweißriemen der aus dem Wundkessel flüchtenden Sau gefolgt ist. Der Hund sei noch nicht wieder zurückgekehrt. Man mache sich große Sorgen. Das mit den Sorgen verstehe ich sehr wohl, für die nächtlichen Eskapaden am Anschuss habe ich hingegen wenig Verständnis.

Nun ist es nicht so, dass meine Hunde einem anderen Hund folgen. Das dürfen und sollen sie ja auch nicht. Fast bei jeder zweiten Nachsuche war

bereits ein Hund vor mir am Anschuss. Damit müssen die anerkannten Schweißhundführer heute leben, weil ja so viele „Schweißhunde" im Einsatz sind. Es gibt häufig Anfragen, aber ich gebe klar zu verstehen, dass ich einen anderen Hund nicht nachsuchen kann.

In diesem Falle ist es aber so, dass ich der flüchtenden Sau folge und hoffe, auf diesem Weg den Hund zu finden. Und siehe da. Wir sind etwa einen Kilometer der Krankfährte gefolgt, haben gerade in dichtem Bestand einen tiefen Graben durchquert, da sehe ich im Gegenhang eine Bewegung. An einem Baum, um den der Schweißriemen mehrfach gewickelt ist, sitzt der gestern Abend verloren gegangene kleine Rauhaarteckel. Er hat hier, wie die Schalenabdrücke eindeutig zeigen, die Sau gestellt, dabei wahrscheinlich immer wieder den Baum umrundet und sich so selbst gefesselt. Welch ein Glück, dass der Überläuferkeiler die Wehrlosigkeit des kleinen Hundes nicht ausgenutzt hat.

Wir befreien ihn und setzen die Nachsuche fort. Das Schwein hat einen Weidwundschuss. Deshalb liegt es bereits kurz hinter der Fundstelle des Dackels verendet im Kessel. Hätten die Jäger nicht am Abend die Suche begonnen, sondern sie am Morgen bei guten Sichtverhältnissen mit ihrem eigenen Hund angegangen, sie hätten wahrscheinlich das tote Stück vorgefunden und dem Hund ein Erfolgserlebnis beschert.

Dies war aber nicht der einzige Fall, bei dem ich zu einer Nachsuche kam, wo es zuerst einmal darum ging, den verloren gegangenen eigenen Hund zu suchen. Meistens höre ich, dass die Leine durchgerissen sei. Erstaunlich, wie viele schlechte und brüchige Leinen bei den Jägern im Besitz sind!

Aber es kann auch um wichtige menschliche Accessoires gehen: Es war etwa Anfang der Neunzigerjahre, als die ersten Handys in Umlauf

kamen. Diese Geräte waren damals noch sehr teuer und nicht jeder konnte sich eines leisten.

Es ist Brunft! Ich werde zur Nachsuche auf einen am Abend beschossenen Hirsch angefordert. Der Schütze mit Ehefrau und weiteren Bekannten hatte am Abend schon mit dem eigenen Hund nachgesucht. Den Hirsch haben sie nicht gefunden, aber das gerade neu angeschaffte Handy bei dieser Aktion verloren. Dummerweise hatte der Besitzer das Ding auch noch auf „lautlos" gestellt, weil er es mit zum Ansitz hatte. Somit war ein Anruf, um das Klingeln zu hören, nicht zielführend.

Der Verlust des Handys wird mir sofort bei Ankunft mitgeteilt und ich werde gebeten, wenn ich jetzt der Wundfährte folgen würde, darauf zu achten, ob das Telefon nicht irgendwo liege. Naja, wie soll ich in einem so großen Dickungskomplex ausgerechnet ein kleines Telefon finden.

Ich folge der Fährte des beschossenen Eissprossenzehners. Noch nicht weit bin ich in der Dickung, da sehe ich plötzlich im Schmielengras etwas glitzern. Tatsächlich: Da liegt das verloren gegangene Handy. Ich nehme es an mich und arbeite weiter. Nach weiteren 200 Metern stehe ich am verendeten Hirsch. Ich muss an dieser Stelle betonen, dass ich damals noch nicht im Besitz eines eigenen Mobiltelefons war. Wie gesagt, der Besitz galt damals noch eher als Seltenheit. Nun bediene ich dieses Gerät und rufe die Ehefrau des Jagdpächters an, die sich ebenfalls am Ausgangspunkt unserer Suche aufhält.

Ich melde mich folgendermaßen: „Uaaaah … (Brunftruf nachahmend), hier ist der Hirsch! Ich bin schon tot!" Völlig überrascht und verunsichert die Gegenstimme: „Wer, wieso der Hirsch, wer ist denn da?" Es dauert einen Moment, bis die Korona begreift, dass ich einen doppelten Erfolg zu vermelden habe, nämlich einen verendeten

Hirsch und ein wiedergefundenes Handy. Die Freude ist an diesem Tag besonders groß!

Natürlich verlieren auch wir Nachsuchenführer immer wieder eigene Gegenstände. Nicht nur auf der Nachsuche. So kann ich fast ein Lied von Messern singen, die ich schon im Laufe der Jahre versetzt habe. In der Tat habe ich ein Messer bei einer Nachsuche durch absoluten Zufall wiedergefunden, das ich ein Jahr zuvor bei einer Nachsuche auf einen Rehbock dort verloren hatte.

Aber nicht nur Messer gehen verloren, sondern auch Funksprechgeräte. Waren diese angeschaltet, so gelang es uns meist, sie wiederzufinden, indem eine Person permanent in das Gegengerät hineinsprach und weitere Personen im Umfeld der Örtlichkeit horchen, bis sie die Stimme oder Töne irgendwo hörten.

Aber zweimal habe ich ein nicht eingeschaltetes Gerät verloren. In einem Fall wurde es nicht mehr gefunden, im anderen Fall haben wir uns der Mithilfe unseres Jagdkameraden Hund bedient. Passiert war es in einem großen Dickungskomplex. Wir haben damals als Loshund den DD *Jupp von der Wupperaue* im Einsatz, geführt von meinem Kollegen Richard. Nachdem wir das Gerät nicht mehr auffinden, besinnen wir uns der vielseitigen Einsatzfähigkeit dieses Gebrauchshundes.

Die Nachsuche haben wir längst abgebrochen. Wir fahren erst einmal nach Hause und üben mit *Jupp* das Suchen und Apportieren des zweiten Funkgerätes gleicher Bauweise. Immer wieder verstecken wir das Utensil und lassen es durch den Hund suchen. *Jupp* kann das nach wenigen Übungseinheiten perfekt. Richard gelingt es, ihn ganz auf das Suchen und Apportieren eines solchen Gegenstandes einzustellen.

Am Nachmittag fahren wir zurück zu besagter Dickung. Mit Wild innerhalb der Deckung ist ohnehin kaum mehr zu rechnen, denn

wir haben diese bei der am Morgen durchgeführten Nachsuche auf den Kopf gestellt. *Jupp* wird losgeschickt mit dem Kommando: „Such verloren, Apport". Mehrmals kehrt er ohne Beute zurück, sucht aber immer wieder die Dickung ab. Dann plötzlich kommt er aus der Dickung und trägt das Funkgerät im Fang. Wir haben es zurück.

Wir sind so glücklich, als hätten wir einen Hirsch gefunden. Auch das war eine Nachsuche, wenn auch nicht im herkömmlichen Sinn.

ZWEI „RÄUBERGESCHICHTEN“

Als Schweißhundführer wird man nicht nur zum Suchen von Wild, Hunden oder Gegenstände alarmiert, sondern auch zum Verfolgen von Menschen.

Die Geschichte liegt schon einige Jahrzehnte zurück. Im kleinen Eifelstädtchen Hillesheim ist Großalarm. Am Morgen ist die Sparkassenfiliale überfallen worden und mehrere Täter flüchten mit einer erheblichen Geldmenge. Eine Fahndung wird eingeleitet. Am Vormittag wird von einem Autofahrer auf der Landesstraße 70 zwischen den Ortschaften Nohn und Hoffelt ein Unfall gemeldet. Dort ist in einer Rechtskurve ein Wagen offensichtlich mit hoher Geschwindigkeit von der Straße abgekommen und im Graben auf dem Dach liegen geblieben. Allerdings befindet sich kein Insasse mehr am Unfallort.

Dass es zwischen dem Überfall in Hillesheim und dem Verkehrsunfall bei Nohn einen Zusammenhang gibt, wird erst im Laufe des Tages klar. Die Täter sind aus Hillesheim geflohen und haben in der Nähe von Üxheim das Fahrzeug gewechselt. Mit dem zweiten Fahrzeug sind sie wohl mit überhöhter Geschwindigkeit in besagter Kurve verunglückt. Erst sehr spät am Nachmittag stellt man diese Zusammenhänge fest und weiß anhand der an der Unfallstelle gefundenen Blutspur, dass mindestens einer der Täter verletzt sein muss.

Leider ist kein ausgebildeter Polizeihund vor Ort. Ein solcher musste damals von weither angefordert werden. Da aber die Dunkelheit nicht mehr lange auf sich warten ließ, kam bei mir die von der Polizei ernst gemeinte Anfrage, ob ich mit meinem Schweißhund diese menschliche Krankfährte verfolgen könne. Die Spur führte in den Wald hinein in den Bereich von großen zusammenhängenden Dickungen.

Ich habe den Auftrag nicht angenommen. Die Räuber waren bewaffnet, das war vom Überfall bekannt. Wäre ich der Spur gefolgt und auf ein Versteck der Verbrecher gestoßen, hätten sie mich wohl kaum an sich herankommen lassen, ohne Gegenwehr zu leisten. Und ich hatte keine Lust, die Zielscheibe zu sein.

Dass die Flüchtenden sich noch in der Nähe befunden haben, zeigt sich in der folgenden Nacht. In den umliegenden Dörfern wurde per Polizeilautsprecher auf die flüchtenden Täter hingewiesen. „Bitte Fenster und Türen fest verschlossen halten!“ In einem Haus am Ortsrand eines an der Ahr liegenden Dorfes hört ein Anwohner in der Nacht plötzlich Geräusche von der Straße her. Aus dem Fenster sieht er, wie ein Mann sich an einem vor dem Haus geparkten Auto zu schaffen macht.

Für solche Fälle ist man in der Eifel ja immer gerüstet. Beherzt zieht er unter dem Kopfkissen seines Bettes die dort deponierte Pistole hervor. Mit diesem „Gerät“ bewaffnet, stellt er den Autoknacker, der gerade dabei ist, das Fahrzeug in Gang zu setzen. Er hält den Täter so lange in Schach, bis die von seiner Frau informierte Polizei eintrifft und dem Mann Handschellen anlegen kann. Durch die Feststellung seiner Identität können auch sehr schnell zwei Mittäter dingfest gemacht werden.

Die Männer hatten sich im Wald versteckt. Ich war auf jeden Fall gut beraten, die Verfolgung – selbst in Begleitung der Polizei – nicht aufgenommen zu haben. Pointe am Ende: Der Bürger, der den einen

Täter beim versuchten Diebstahl des Autos mit der Pistole in Schach hielt, bekam eine Strafe wegen unerlaubten Waffenbesitzes.

Mein erster Fall, bei dem ich direkt mit einem Schwerverbrecher konfrontiert worden bin, liegt weiter zurück, es war Anfang der Siebzigerjahre des letzten Jahrhunderts.

Als jungem Forstmann ist mir die vertretungsweise Leitung des Forstbezirks Rommersheim bei Prüm übertragen worden. Der Vorgänger, mein väterlicherer Freund T. Schuler, ist in den Ruhestand getreten. Zum 1. Juni des Jahres 1974 übernehme ich die Försterei. Zu diesem Anlass sind der Inspektionsbeamte und der Forstamtsleiter nach Rommersheim gekommen.

Es ist ein wunderschöner Frühsommertag. Mein Vorgänger und die beiden hohen Forstbeamten fahren mit mir verschiedene Waldbestände an. In der Nähe der Ortschaft Schönecken führt ein Weg von der Bundesstraße hangaufwärts zu einem der ins Auge gefassten Waldparzellen. Die Autos werden auf dem Waldweg etwa 100 Meter von der Bundesstraße entfernt geparkt. Die Durchfahrt braucht nicht offen zu bleiben, da dieser Weg nur für forstliche Zwecke benutzt werden darf.

Zu Fuß begeben wir vier Forstleute uns bergaufwärts in Richtung der zu besichtigenden Waldabteilung. Eine kaum mit einem normalen Auto zu befahrende Rückegasse führt vom Hauptweg zum höchsten Punkt des Berges. Auf diesem steht etwa 50 Meter entfernt ein Fahrzeug, ein Pkw neuerer Bauart. Neben dem Auto kniet jemand und ist mit der Fahrertür der Limousine beschäftigt.

„Was macht der denn da?“, meint mein Chef und wir beide gehen zu der Person hin. Dort erhebt sich ein braungebrannter südländisch aussehender Mann mittleren Alters, der uns sofort verbal aggressiv

angeht, als wir ihn auf sein Tun und das unrechtmäßige Befahren des Waldweges ansprechen. Er sei ein freier Bürger und könne fahren, wohin er wolle, ist eines seiner Argumente. Der Forstmeister fordert ihn auf, sofort den Wald zu verlassen. Mir fällt allerdings auf, dass ein kleines Seitenfenster zugeklebt ist und dass dort die Glasscheibe fehlt. Ich schaue mir das Kennzeichen an. Auffällig, dass das vordere Kennzeichen keinerlei Insektenreste zeigt, die normalerweise bei diesem schönen Sommerwetter immer an der Front eines Autos vorzufinden sind.

Der Mann springt in das Auto und schießt mit Vollgas rückwärts auf den Weg, wo noch die beiden anderen Forstbeamte stehen. Er rast den Weg hinunter. Uns ist jetzt klar, dass hier etwas nicht stimmen kann. Ich bemerke gegenüber meinen Begleitern, dass das vordere Nummernschild keine Insektenanhaftungen zeigt und wir daher davon ausgehen können, dass der Mann hier gerade erst die Nummernschilder gewechselt hat.

Dann fällt uns ein, dass unten am Waldeingang unsere Autos auf dem Weg geparkt sind. An diesen kann der Flüchtige nicht vorbei. In Sorge um die eigenen Fahrzeuge laufen vier Forstbeamte den Weg hinunter. Kurz oberhalb unserer geparkten Fahrzeuge sehen wir schon von Weitem das Auto mit den weißen Nummernschildern im Graben liegen. Die Fahrertür steht auf, der Mann ist verschwunden. Schnell wird von einer Telefonzelle im Ort Schönecken die Polizei informiert. Diese ist auch recht schnell vor Ort. Es beginnt eine Fahndung, wir Förster setzen unsere dienstliche Übergabe fort.

Am Mittag erreichen wir wieder das Forsthaus. Aufgeregt empfängt uns die Ehefrau unseres Pensionärs. Die Polizei hat sich gemeldet. Sie haben eine Person festgenommen. Ich möge bitte zur Polizeiwache nach Prüm kommen und den Gefassten identifizieren, ob es sich auch um die gleiche Person handelt, die wir im Wald angetroffen haben.

Ich fahre nach Prüm und sehe in einer Zelle der Polizeistation einen Mann sitzen. Er hat wenig Kleidung an. Ich erfahre, dass die Polizei ihn an einer Straße gesehen hat. Als er die Beamten erblickte, floh er talwärts. Dort befindet sich ein großer Fischweiher. In diesen sprang der Mann hinein. Die verfolgenden Polizisten blieben am Rande stehen. Jeder auf einer Seite.

Nachdem der Verfolgte einige Minuten im Wasser geschwommen war, zog er es doch vor, das Nass zu verlassen. Die Polizisten nahmen ihn in Empfang. Nun sitzt er, von den wasserdurchtränkten Kleidern befreit, in einer Zelle der Polizeiwache. Ja, ich kann bestätigen, dass es der Mann aus dem Wald ist.

Später erfahre ich, dass das Auto gestohlen, die Nummernschilder aus einem Einbruch in Trier stammen und dass gegen diesen Mann vier Haftbefehle wegen anderer Delikte vorliegen. In der hiesigen Tageszeitung ist am nächsten Tag in dicken Lettern zu lesen: „Schwerverbrecher entzog sich Festnahme durch Forstbeamte!“ Die Forstbeamten hatten weder die Absicht noch die rechtlichen Voraussetzungen für eine Festnahme, aber eine solche Schlagzeile ist ein guter Aufmacher … und Papier ist ja geduldig.

DRÜCKJAGDSAISON

„Und könnt es Herbst im ganzen Jahre bleiben …" so lautet der Titel des Buches über jagdliche und andere Erinnerungen von Oberforstmeister Walter Frevert. Ja, für uns Jäger ist der Herbst die Kernzeit, in der auch die jagdliche Ernte eingefahren wird.

Der Herbst ist die Hochzeit der Rotwildjäger. Die Hirschbrunft beginnt bei uns Anfang September und zieht sich oft bis in den Oktober hinein. Kaum ist der letzte Brunftschrei verklungen (manches Mal auch noch nicht), beginnen schon die großen Gesellschaftsjagden. Heute, zu einer Zeit hoher Wildbestände bei fast allen unseren Schalenwildarten, sind die sogenannten revierübergreifenden Drückjagden das „Allheilmittel" zur Regulierung von Rot- und Schwarzwild. Zumindest wird es von allen, die Wildschäden und Seuchenbekämpfung im Fokus haben, vehement gefordert.

Ich gebe gerne zu, dass gut organisierte Drückjagden einen ganz besonderen Reiz für den Jäger haben und zu einem wirklichen Erlebnis werden können. Sie sind oft sehr erfolgreich, wenn man das Ziel in der Absenkung des vorhandenen Wildbestandes sieht. Diese Jagden sind aber auch sozialpolitisch wertvoll, führen sie doch die Jäger, die vielfach in ihren eigenen Revieren jeden Kontakt zu den Nachbarjägern scheuen, zumindest anlässlich dieser Termine mal zusammen. Wie

wertvoll diese Gespräche für den Einzelnen sind, sei einmal dahingestellt, aber solche Kontakte helfen eventuell, um eine gemeinsame Hege abzusprechen, und somit hat zumindest das Wild etwas davon! Nicht verschwiegen werden sollen das Erlebnis und die Spannung, die für viele Grünröcke mit solchen Jagden verbunden sind.

Bereits früh im Jahr erreichen mich die ersten Drückjagd-Einladungen. Es ist wichtig, dass Jagden dieser Art frühzeitig geplant werden. Denn für eine gute und erfolgreiche Jagd ist eine gut abgestimmte Logistik von entscheidender Bedeutung.

Zur Drück- oder Treibjagd gehören nicht nur entsprechend viele Schützen, sondern vor allem werden Treiber und Hunde gebraucht. Ohne Hunde ist bei uns in der Eifel ein erfolgreiches Drücken auf Sauen zur Erfolglosigkeit verurteilt. Aus den zum Teil großflächig vorhandenen Schwarzdornverhauen sind Sauen nur durch menschliche Laute nicht heraus zu bekommen. Gute Hunde, die gegenüber Sauen auch ein gewisses Maß an Härte zeigen, sind aber nicht so zahlreich vorhanden. Daher sind die Führer solcher Hunde auch im Herbst immer sehr schnell ausgebucht. Alleine schon deshalb ist eine frühzeitige Terminierung unabdingbar.

Ich habe während meines gesamten jägerischen Lebens stets Hunde geführt. Es waren eben nicht nur die Schweißhunde, sondern auch stets Gebrauchshunde. Meine große Liebe galt, wie schon ausreichend beschrieben, der Vorstehhundrasse Deutsch-Drahthaar. Die meisten Jahre meiner jagdlichen Laufbahn haben mich Hunde dieser Rasse begleitet.

Natürlich habe ich mit ihnen auch die Stöberjagd ausgeübt. Diese Hunde mussten Schärfe an Schwarzwild zeigen, damit ich bei den in früheren Jahren von mir selbst organisierten Drückjagden nicht immer

von anderen Hundeführern abhängig war. Selbstverständlich war diese Schärfe aber ebenso eine Voraussetzung für den erfolgreichen Einsatz auf der Nachsuche.

Nun wird der eine oder andere Leser jetzt erschrocken die Hände über dem Kopf zusammenschlagen und argumentieren, dass große Hunde doch für die Drückjagd ungeeignet und wenig brauchbar sind. Auch würde das Wild zu stark beunruhigt, komme praktisch aus der Dickung geflogen und sei dadurch für den Schützen schwer zu treffen. Insgesamt sei der Einsatz von großen Hunden auch nicht tierschutzgerecht.

Ich kenne diese Argumente alle und weiß auch, dass sie nur zum Teil richtig, teilweise aber auch völlig verkehrt sind. Kommen wir zuerst zum Tierschutzaspekt. Der Einsatz von Hunden ist dafür gedacht, das

Streckenplatz

Wild, insbesondere das wehrhafte Schwarzwild, dazu zu bewegen, die Deckung zu verlassen. Wild, dass seine Deckung verlassen hat, soll nach Möglichkeit nicht über die Schützenkette hinaus weit verfolgt werden. Man nennt so etwas bogenreines Jagen!

Ich habe mit den in meinem Besitz befindlichen Vorstehhunden stets so gejagt, dass einerseits die Sauen die Dickung verlassen haben, andererseits die Hatz dieses flüchtigen Wildes sehr schnell aufgegeben wurde. Ich beschreibe es ausdrücklich so, denn ich finde, dass es nicht so sehr darauf ankommt, wie groß und schnell der Hund ist, sondern, dass es für das verfolgte Stück Wild ausschlaggebend ist, wie weit und wie lange es vom Hund verfolgt wird.

Es kann nicht tierschutzgerecht sein, wenn Hunde sich auf die Fährte eines Stückes Wild hängen und dieses bis zur Erschöpfung über viele Kilometer verfolgen. Sicher ist es vonnöten, dass Sauen, um sie aus ihrem Tageseinstand zu vertreiben, auch einmal kurzfristig scharf angegriffen werden. Aber auch Schwarzwild muss die Möglichkeit haben, sich durch Flucht schnell dem Verfolger zu entziehen.

Richtig ist aber auch, dass in der Anfangsphase der Flucht Wild vor großen Hunden oft panisch die Dickung verlässt. Stehen die Schützen dann zu nahe am Einstand, ist das Wild dort noch hochflüchtig und folglich schwieriger zu treffen, was häufig Fehl- oder noch schlimmer Krankschüsse mit sich bringt.

Mit meinen einzeln jagenden, schwarzwilderprobten und entsprechend scharfen Hunden habe ich über Jahrzehnte sehr erfolgreich Drückjagden unterstützt. Ich habe mich stets mit meinem Hund in die Treiberwehr eingegliedert, quasi einen Obertreiber gespielt. Es hat mir immer mehr Freude bereitet, meinen Hund bei seiner Arbeit zu beobachten und entscheidend für den Erfolg der gesamten Drückjagd

beizutragen, als selbst in der Position eines Schützen draußen auf einem zugewiesenen Stand stundenlang zu verharren. Allerdings kann ich mich nicht daran erinnern, einmal auf meinen Hund warten oder ihn suchen zu müssen. Meine Hunde jagten stets mit mir und suchten während des Treibens immer wieder den Kontakt zum Führer.

Es ist wieder Herbst. Die letzten Hirschrufe sind nur noch mehr oder weniger verhalten zu vernehmen. Bei mir haben sich die Termine für die Drückjagden gehäuft. Begann die Treibjagdsaison früher nie vor dem 3. November, dem Hubertustag, so setzen die Gesellschaftsjagden heute schon Anfang Oktober ein. Vor allem in Gebieten mit Rotwildvorkommen stellt sich die Frage, ob diese frühen Jagden wirklich tierschutzkonform sind. Die Brunft ist schließlich noch nicht zu Ende.

Es ist die Zeit, in der vor allem die Hirsche körperlich sehr stark geschwächt sind. Sie müssen noch vor dem einbrechenden Winter wieder zu körperlicher Stärke finden. Die Hirsche ruhen viel, sie nehmen vermehrt Nahrung zu sich und bleiben in der Nähe des weiblichen Wildes, damit auch noch nachbrunftige Stücke beschlagen werden können. Diesen Ablauf hat die Natur genau so eingerichtet und er ist ein wesentlicher Beitrag zur Arterhaltung.

Nun beginnen wir Jäger quasi in dieser Reha-Phase dieses Wildes mit Treibern und Hunden aufzumüden und zu verfolgen. Da stellt sich für mich schon die Frage, ob unser Tun hier noch wirklich mit der Natur im Einklang steht. Ich kenne aber auch die Zwänge, möglichst effektiv die Wildbestände zu regulieren. Ich weiß um die Notwendigkeit ausgedünnter Schwarzwildbestände zur Vorbeugung und Bekämpfung von Seuchen und der Minimierung von Wildschäden.

Wir wissen mittlerweile auch durch die Wissenschaft, dass gerade die wiederkäuenden Schalenwildarten in den Spätwinterwochen ebenfalls

Ruhe brauchen, da ihr Körper auf Wintermodus geschaltet ist und der Kalorienverbrauch auf ein Minimum heruntergefahren wird. Daher ist die verbleibende Zeitspanne für eine effektive Jagdausübung sehr stark begrenzt und natürlich mit einem „Für" und „Wider" versehen.

Jeder Jagdausübungsberechtigte, in dessen Revier Rotwild vorkommt, sollte sich überlegen, ob früh angesetzte Ansitzjagden im Herbst sinnvoll und effektiv sind. Hunde sollten dort frühestens ab Ende Oktober eingesetzt werden.

In meinen jagdlichen Erinnerungen spielen Drück- und Treibjagden eine wesentliche Rolle. Es gab eine Woche, die für unsere Familie jedes Jahr eine jagdlich dominante Rolle einnahm. Es war die Woche um den Buß- und Bettag, ein bis vor wenigen Jahren noch in Rheinland-Pfalz und Nordrhein-Westfalen festgeschriebener gesetzlicher Feiertag.

Mein Problem in der Schulzeit: In dieser besagten Woche gab es nie Herbstferien. An den beiden Tage vor Buß- und Bettag, der stets auf einen Mittwoch Mitte November fällt, fand jährlich die große Treibjagd in Winkel, einem kleinen Ort im Süden unseres Kreisgebietes, statt. Zur Pächterfamilie vom Niederrhein bestand seitens meines Vaters eine enge Freundschaft. So lag es auf der Hand, dass ihm jährlich die Jagdleitung für diese zweitägige Treibjagd angetragen wurde.

Bereits sonntags reisten die meisten Jagdgäste aus dem Raum Kleve und Geldern an. Enge Freunde wohnten dann bei uns und blieben meist die ganze Woche über, denn an den Tagen nach Buß- und Bettag, also von Donnerstag bis Samstag, fand stets die große Treibjagd in den Jagdbezirken der Stadt Daun und des heutigen Ortsteils Neunkirchen statt.

Diese Reviere hatte auf Anraten und Vermittlung meines Vaters ebenfalls ein Unternehmer aus dem Raum Kleve gepachtet. Auch

hier oblag die Jagdleitung meinem Vater. Die Gäste waren zum Teil auf beiden Jagden identisch.

Ja, damals war eine solche Jagd ein großes jagdliches Event. Sicher anders als heute. Nicht nur die Jagdausübung selbst, sondern auch das gesamte Flair drumherum war ausgeprägter und für die Teilnehmer wichtiger, als dies heute bei den allermeisten Gesellschaftsjagden noch empfunden wird. Es war halt eine völlig andere Zeit. Der Krieg und die damit verbundenen menschlichen Leiden und Entbehrungen waren noch nicht so lange vorüber.

Es begann gerade die Zeit, die man als „deutsches Wirtschaftswunder" bezeichnet. Die Menschen mussten hart arbeiten, und wen wundert es da, dass auch Feste und Annehmlichkeiten intensiver gefeiert und empfunden wurden, als dies heute im Trubel der modernen, mit Freizeitangeboten überschütteten Welt der Fall ist. Die Woche um den Buß- und Bettag war im Hause Umbach deshalb ein gesellschaftlicher Höhepunkt.

Mann, wie war das toll für mich kleinen Knirps, dem die Jagdpassion schon aus allen Poren drang. Wenn da nur nicht die „blöde Schule" gewesen wäre. Ich drängte meinen Vater, stets dafür zu sorgen, dass ich direkt nach dem Unterricht von einem Jäger abgeholt wurde. Und das klappte auch, war ich doch als Nesthäkchen Papas Lieblingskind.

Eine solche Jagd war damals keineswegs vorwiegend auf die Erlegung von Schalenwild ausgelegt, sondern insbesondere auf Fuchs und Hase. Wenn dann einmal in einem Treiben Sauen vorkamen und es tatsächlich gelang, zwei oder drei Schwarzkittel zu erlegen, dann war das in aller Regel eine hervorragende Treibjagd, über die noch lange geredet wurde.

Winkel war eine recht gute Hasenjagd. Mehrere größere Feldgehölze boten beste Biotope für das Niederwild. Aber auch Füchse gab

es damals reichlich. Alles Wild wurde natürlich verwertet. Füchse wurden gestreift und gegerbt. Nicht selten lagen nach zwei Jagdtagen 2–4 Stücke Schwarzwild, 20 Füchse und 40 Hasen neben einigen Eichelhähern, die damals noch bejagbar waren, Elstern, Tauben und Krähen.

Füchse hatten es natürlich den Jägern immer besonders angetan. Reineke verlässt meist sehr früh das Treiben und kommt fast immer an der Vorderfront. Mein Vater kannte die Fuchspässe sehr genau und so wurde er stets von einigen Gästen bedrängt, ihnen einen Stand am „Fuchspass“ zuzuweisen. Wie glücklich war da mancher Jägersmann, wenn er so auf einen Rotrock zu Schuss kam und ihn nach dem Treiben stolz zur Strecke legen konnte.

Auch die Dauner Treibjagd hatte es in sich. Dort, wo heute eine Bundeswehrkaserne mit militärischem Gelände den Wald und damit den freien Zugang verdrängt hat, lag in meiner Jugend eines der interessantesten und besten Treiben, das ich kannte. In diesem Waldstück mit der Ortsbezeichnung „Driesch“ waren fast immer Schwarz- und Rotwild anzutreffen. Hier hatte mein Vater nach dem Krieg als Mitglied des von der französischen Besatzungsmacht eingerichteten Jagdkommandos einen seiner stärksten Keiler mit einem Gewicht von über 150 Kilogramm erlegt.

In meiner Jugendzeit war das Vorkommen an Schwarzwild wieder recht spärlich geworden. Wenn Sauen irgendwo anzutreffen waren, dann bei der Treibjagd in Daun, und dort fast immer in dem Treiben, das später dem Kasernenbau weichen musste. Vater wusste genau, wo die guten Stände waren, und so buhlten einige Jagdgäste heftig um die Ehre, einen dieser aussichtsreichen Posten beziehen zu dürfen. Und noch größer war die Dankbarkeit, wenn ihnen die Erlegung

einer Sau oder eines Fuchses gelang. Zwei oder drei Sauen waren die Krönung jeder Jagd.

Drei Tage wurde in den Dauner Revieren gejagt. Den Abschluss bildete meist das Ententreiben am Gemündener Maar. Im Herbst hatten immer viele Stockenten ihr Quartier auf den Maaren, diesen wunderbaren Kraterseen, die aus der Zeit des intensiven Vulkanismus stammen. Die Maare, sie werden auch als die Augen der Eifel bezeichnet, sind mit Grundwasser gefüllte Vulkankrater. Die drei um das Kreisstädtchen Daun gelegenen haben eine Wassertiefe vom 21 bis 51 Meter. Die Wasserfläche liegt zwischen 7 und 10 Hektar. Da die Berge um das Gemündener Maar relativ hoch sind und es zwischen diesen Anhöhen zwei Einschnitte gibt, mussten die Enten zum Abstreichen immer diese beiden flacheren Passagen wählen.

Das Ende des dreitägigen jagdlichen Events lief dann folgendermaßen ab: In jedem Einschnitt postierte sich die Hälfte der Schützen. Ein Jäger, meist war es mein älterer Bruder, begab sich vorsichtig zur Wasserfläche, auf der oft hundert oder mehr Enten schwammen. Mit einem sogenannten Hebeschuss veranlasste er die Wasservögel zum Aufsteigen.

Diese schraubten sich aber oft bereits über der Wasserfläche so hoch, dass sie für die Schrote aus den Jagdflinten nicht mehr erreichbar waren. Dennoch begann eine wilde Schießerei und mit Glück (oder Pech für die Enten), die in zu geringer Flughöhe über den Köpfen der Jäger zu entkommen versuchten, fielen dann vier bis fünf Enten getroffen herunter. Wie viele dort allerdings nicht tödlich getroffen weiterflogen, entzieht sich meiner Kenntnis.

Am Ende dieser Jagd lag meist eine bunte Strecke zum Verblasen. Von Schwarzwild bis Ente und Taube war alles vorhanden. Außer

Rehwild. Denn in dieser Zeitepoche war es verpönt, auf der Treibjagd Rehe zu erlegen, die waren absolut tabu – ganz im Gegensatz zur heutigen Jagdpraxis.

Dennoch erinnere ich mich an eine Geschichte, die mein Vater später oft zum Besten gab. Er war nicht nur ein begnadeter Jäger, sondern auch ein ebenso amüsanter Erzähler, dessen Geschichten immer eine anständige Prise Schalk enthielten. Bei einer der Dauner Treibjagden spielte sich folgendes Ereignis ab:

Pächter war damals der originelle Dauner Gastronom und Metzger Baptist J., Baddi, wie er genannt wurde, war ein guter Freund unserer Familie. Er war aber alles andere als ein großer Jäger. Er war ein Dauner Original, über den es in unserem Kreisstädtchen viele Anekdoten gibt. Er benötigte zur Zeit seiner angesetzten Treibjagd unbedingt ein Reh für die Gastronomie. Er beauftragte meinen Vater, natürlich diskret, wenn es ihm möglich sei, bei der Jagd ein Reh zu erlegen.

Damals hatte aber auch ein bei seinen Mitarbeitern und auch sonst in der Bevölkerung sehr gefürchteter Forstmeister, der erst sehr spät aus der Kriegsgefangenschaft zurückgekehrt war, den Dienst in einem der Dauner Forstämter angetreten. Dieser Forstamtsleiter hatte sich gerade einen neuen Deutsch-Drahthaar gekauft und führte diesen Vierbeiner zu besagter Jagd mit. Stolz wurde die Neuanschaffung den Jagdteilnehmern vor Beginn des ersten Treibens als perfekter Gebrauchshund vorgestellt. Vater hatte als Jagdleiter unter anderem auch diesen Forstmann anzustellen. Er wies ihm den vorletzten Stand zu. Etwas weiter hinter einem kleinen Bergrücken bezog er seinen Platz. Vor ihm hangaufwärts ein Buchenaltholz mit etwas Naturverjüngung.

Ein Sprung Rehe wollte flüchtig durch den Hang im Buchenaltholz das Treiben verlassen. Vater, dem Auftrag des Beständers folgend, stellte

seinen Drilling auf Kugel um, fuhr mit, und im Knall rouliert ein Stück Rehwild den Hang hinunter. Schon im Fallen erkannte Papa seinen Fehler. Das Reh hatte ein Gehörn! Oh Gott, Böcke hatten Schonzeit! Rehe schießen war ohnehin verpönt, doch dieses Reh sollte eben im Auftrag des Jagdveranstalters erlegt werden. Es war sozusagen eine Einzelfreigabe. Aber es sollte natürlich kein Bock sein! Jetzt nahm das Schicksal seinen Lauf. Es dauerte nur Augenblicke, da erschien, durch die Verjüngung kommend, der Hund des Nachbarschützen. Der Forstmeister konnte das Gelände vor Vaters Stand nicht einsehen, wusste also nicht, worauf der Schuss abgegeben worden war.

Der Hund zerrte am verendeten Rehbock. Vater scheuchte ihn regelrecht weg und der DD verschwand wieder in der Verjüngung in Richtung seines Herrn. Das Treiben war zu Ende. Vater ging gar nicht zu seinem erlegten Reh, sondern machte sich direkt auf den Weg, seine angestellten Schützen wieder einzusammeln. Ich muss noch bemerken, dass die beiden letzten Stände ziemlich weit hinter einem Berg lagen, sodass die Schüsse nicht unbedingt auch von anderen Jagdteilnehmern vernommen oder genau zugeordnet werden konnten.

Auf halbem Weg kam ihm der Forstmeister schon entgegen. Es entwickelte sich folgender Dialog: „Sie haben geschossen, Herr Umbach?"

„Ja", war Vaters Antwort, „hat der Hund Ihnen den Hasen nicht gebracht?"

Darauf der stolze Hundebesitzer: „Nein!"

„Mein Gott, dann ist Ihr Hund ja ein Totengräber."

Als Totengräber werden Hunde bezeichnet, die aufgenommenes und zu apportierendes Wild nicht dem Herrn zutragen, sondern irgendwo verscharren. Solche Hunde sind für die Apportierjagd unbrauchbar und können eine jagdliche Prüfung nicht bestehen.

„Er hat Ihnen doch meinen Hasen durch die Verjüngung zugetragen."

Sichtlich geknickt und gedemütigt der Hundebesitzer: „Herr Umbach, erzählen Sie bitte nicht, dass mein Hund den Hasen vergraben hat."

„Gut", lautet Vaters Reaktion, „dann sagen wir gar nicht, dass ich geschossen habe."

„Genau, wir sagen gar nichts!" Damit würde auch nicht bekannt, dass der doch von ihm so hoch gelobte Hund jagdlich unbrauchbar sein könnte. Es war sicher nicht ganz fair, aber jeder der Beiden wollte das Gesicht wahren und da war eine kleine Notlüge bzw. Verschweigen vertretbar!

Der Bock blieb erst mal liegen und wurde erst am Abend in die Metzgerei gebracht und dort, wie gewünscht verarbeitet. Die anderen Jagdteilnehmer haben nichts davon mitbekommen.

Heute sind unsere herbstlich/winterlichen Treibjagden völlig anders ausgerichtet. Kein Jäger führt mehr ein Schrotgewehr. Wofür auch? Niederwild gibt es kaum noch. Die Jagd gilt dem Schalenwild. Rehe werden geschossen, manchem Jagdherrn ist es egal, ob Bock oder weibliches Wild. Böcke haben Jagdzeit bis Ende Januar. Sauen werden mancherorts (nicht überall) beschossen, als seien sie Ungeziefer, und die Abschüsse von meist weiblichem Rotwild und jungen Hirschen werden ebenfalls bei diesen Jagden getätigt.

Sicher ist es notwendig, um die Schalenwildbestände zu regulieren. Auch ist es effektiver, wald- und wildverträglicher innerhalb eines sehr begrenzten Zeitraumes den Abschuss zu erfüllen, anstatt das Wild über die gesamte Jagdzeit permanent zu belagern. Wenn bei solchen Drückjagden waidgerecht nach ethischen Gesichtspunkten gejagt wird, dann ist dies sicher die bessere Variante.

Aber ein Grundsatz muss immer gelten: der Elterntierschutz! Wir hatten hier in den vergangenen Jahren sehr erfolgreiche Drückjagden. Nein eigentlich sind es alles Treibjagden, denn es wird mit Treiberwehr und Hundemeuten das Wild aus den Einständen getrieben. Aber Drückjagd hört sich einfach feiner und wildschonender an und deshalb wird vornehmlich diese Bezeichnung gewählt.

Wenn man nach einer solchen Jagd, bei der in den letzten Jahren öfter Strecken von 40 und mehr Stück Rotwild und noch öfter 50 und mehr Sauen erlegt werden, das Ergebnis begutachtet, dann kommt mir doch so manches Mal die Galle hoch. Kälber brauchen ihre Mütter über das ganze Jahr hinweg, denn diese geben ihrem Nachwuchs weit mehr als nur Milch zur Zeit der Aufzucht. Alttiere führen ihre Kälber zu sicheren Äsungs- und Ruheplätzen. Kälber erhalten die gleiche soziale Stellung innerhalb des Rudels, wie sie auch die Mutter besitzt. Stirbt die Mutter vor dem Kalb, dann wird dieses arme Geschöpf innerhalb der Hierarchie ganz nach unten durchgereicht. Es wird aus dem Rudel vertrieben und nicht nur körperlich, sondern auch seelisch kümmert dieses Waisenkind.

Gerade bei Drückjagden ist peinlichst darauf zu achten, dass Alttiere nur erlegt werden, wenn nachweisbar das Kalb vorher gestreckt wurde. Ich habe öfter erlebt, dass sich Alttier und Kalb voneinander trennten. Nicht nur, wenn beide Stücke unmittelbar von Hunden bedrängt wurden.

Bei einer kleinen, mit nur wenigen Schützen veranstalteten Gesellschaftsjagd stehe ich auf einem Drückjagdbock. Vor mir liegt eine kleine, übersichtliche Fichten-Naturverjüngungsfläche. Auf der gegenüberliegenden Seite hat sich der Jagdleiter, mein Freund und erfahrene Rotwildexperte Bernd B. postiert. Während wir unsere

Stände eingenommen haben, wechselt ein Rotalttier mit Kalb in die Dickung ein. Die Treiber sind noch mehrere hundert Meter entfernt, da bricht bei mir plötzlich das Alttier hochflüchtig aus der Deckung.

Augenblicke später flüchtet auch das Kalb – in die genau entgegengesetzte Richtung auf der Seite meines Standnachbarn. Keines der beiden Stücke wird von uns beschossen. Aber wir erlebten hier, dass es selbst ohne direkte „Feindberührung" zur Trennung vom Mutter und Kind gekommen ist. Bei solchen Jagden weibliches Rotwild zum Abschuss freizugeben, ist faktisch die Aufforderung zu einer Straftat, denn die vorsätzliche Erlegung eines für die Aufzucht notwendigen Elterntieres stellt eine Straftat dar.

Dass es auch anders geht, erlebe ich bei einer großen Jagd in der nördlichen Eifel. Hier werden grundsätzlich nur Kälber freigegeben. Zur Strecke kommen bei diesem jagdlichen Event 42 Kälber und wenige Alttiere. Diese allerdings nur als Dublette, wobei das Kalb immer mit dem ersten Schuss gestreckt wurde.

14 Tage später erfolgt im gleichen Gebiet ein zweiter kleiner Drücker mit auserwählten „rotwildkundigen" Jägern. Bei dieser Jagd ohne Hunde werden vornehmlich Alttiere erlegt, die alleine kommen. Wenn hier, leicht angerührt, die Stücke allein die Deckung verlassen, kann davon ausgegangen werden, dass bei der ersten Jagd die Kälber bereits erlegt worden sind. Wir strecken an diesem Jagdtag zwölf Alttiere, die alle aktuell kein Kalb mehr führen, was an den kaum oder gar nicht mehr mit Milch gefüllten Gesäugen bewiesen werden kann.

Wir müssen natürlich Zuwachsträger erlegen. Eine solche Jagdstrategie ist verantwortungsvoll und entspricht den gesetzlichen wie den ethischen Forderungen, denen sich doch eigentlich alle Jäger verschrieben haben sollten.

Drückjagden können erlebnisreich sein. Ja, für manchen Jäger sind sie der Höhepunkt des Jagdjahres. Drückjagden können aber auch miserable Tragödien innerhalb eines Wildbestandes anrichten. Nicht jeder Jäger, der an diesen Jagden teilnimmt, bietet die Gewähr, dass er sauber und schmerzfrei ein Stück Wild erlegen kann.

Für alle diese unbeabsichtigten, aber auch unvermeidbaren Dramen, die fürs Wild entstehen, muss am Ende ein „Ausputzergespann" bereitstehen. Das sind versierte Schweißhundführer mit erfahrenen Hunden. Ohne sie darf keine solche Jagd durchgeführt werden. Es genügt nicht, dass man sich als Jagdleiter erst nach dem Treiben um diese Gespanne kümmert. Schweißhundführer sind eines der wichtigsten Elemente in der Organisation einer Treib- oder Drückjagd. Nur mit ihrer Hilfe ist einigermaßen eine tierschutz- oder waidgerechte Jagdausübung gewährleistet.

FEHLGESUCHT ODER NICHT GEFUNDEN

Als Schweißhundführer habe ich über viele interessante und erfolgreiche Nachsuchen berichtet. Diese Suchen stehen meist im Vordergrund, sie machen stolz und zufrieden. Wer aber wie ich über fünf Jahrzehnte Schweißhunde geführt und mit ihnen Tausende von Einsätzen gelaufen ist, der weiß auch, dass längst nicht jedes verletzte Stück Wild gefunden werden kann.

Viele Jäger führen Schussbücher, selbst der letzte deutsche Kaiser hat alles von ihm erlegte Wild notieren und aufzählen lassen. Ich habe nur in den Anfangsjahren meiner jagdlichen Laufbahn ein Schussbuch geführt. Dafür habe ich aber seit etwa Mitte der Siebzigerjahre, als ich mehr oder weniger professionell anfing, überörtlich Nachsuchen durchzuführen, alle Einsätze akribisch notiert. Früher noch handschriftlich, wird heute elektronisch jeder Einsatz mit Datum, Wildart, Revier, Verletzungsart, Wildbretgewicht und Name des eingesetzten Hundes festgehalten. Sowohl erfolgreiche als auch Fehlsuchen sind aktenkundig und ich kann mir heute mit wenigen Mausklicks alle statistischen Angaben herausziehen, so wie ich sie gerade brauche.

Aus diesen vielen tausend Einsätzen geht hervor, dass ich mit meinen Hunden eine Erfolgsquote von 63 Prozent erreiche. Umgekehrt heißt

das, dass etwa ein Drittel aller Nachsuchen am Ende erfolglos geblieben sind. Ich hatte und habe unbestritten eine Reihe sehr guter Schweißhunde, aber trotzdem gehört zur Wahrheit auch, dass selbst mit diesen hocherfahrenen Hunden eben nicht jedes Stück zu finden und zu erlösen ist. Manches Stück war zwar verletzt, aber die Verletzung bewirkte keine so schwere Behinderung, um es stellen zu können.

Oft werde ich nach einer aufgegebenen Suche gefragt, ob ich glaube, dass das Stück verenden wird. Diese Frage kann ich seriös natürlich nie beantworten. Gerade in der warmen Jahreszeit, in der Insekten und Bakterien beste Verbreitungsbedingungen haben, ist auch bei relativ kleinen Verletzungen die Infektionsgefahr sehr groß. Fliegen legen ihre Eier in noch so kleine Wunden, und ich habe Wild gesehen, das förmlich von den Maden bei lebendigem Leibe aufgefressen wurde.

Oft wird bei wenig vorgefundenen Pirschzeichen auf eine geringe Verletzung geschlossen. Diese Annahme ist aber sehr häufig falsch. Ich zeige bei meinen seit über 30 Jahren veranstalteten Anschussseminaren immer wieder, dass die Verletzung in Wirklichkeit viel größer ist, als es die spärlich vorgefunden Pirschzeichen am Anschuss vermuten lassen.

Aber in den langen Jahren der Nachsuchentätigkeit meines Teams haben wir nicht nur die Stücke verloren, die nur leichte Verletzungen aufwiesen. Auch andere Umstände haben häufig zu Fehlsuchen geführt. Zu nennen sei hier fehlende Witterung, das Handikap, den Hund nicht ungefährdet schnallen zu können oder aber eigene Fehler, die ich als Führer mache und die sich dann negativ auf den Verlauf der Suche auswirken. Auch heute passiert es mir noch, dass ich die eine oder andere Situation falsch einschätze.

Mit der enormen Erfahrung kommt die Falscheinschätzung zwar seltener vor, aber ausschließen kann sie kein Nachsuchenführer, denn

keine Situation gleicht der anderen. Zunehmend besteht bei uns das Problem, dass wir die Hunde wegen nahe gelegener stark befahrener Straßen nicht schnallen können. Dann muss am Ende auch ein solcher Einsatz als Fehlsuche verbucht werden.

Aber es gibt auch Nachsuchensituationen, die deshalb schieflaufen, weil die Angaben des Schützen nicht richtig oder unvollständig sind. Mit einer solchen Situation hatte ich im Sommer 2018 zu tun.

Es ist der Abend des 2. August, die Hirschjagd hat gerade begonnen, als mich der Anruf eines Schweißhund-Kollegen erreicht, der mich bittet, eine Nachsuche für den nächsten Tag zu übernehmen. Er schildert mir Folgendes:

Beim Abendansitz sei ein starker, alter Hirsch mit schaufelförmigem Geweih beschossen worden. Dieser Hirsch sei seit Jahren bekannt und die Jäger haben ihm wegen seiner Geweihausformung den Namen „Elch" gegeben. Da es noch hell war und er in der Nähe wohnt, habe er noch kurz nach Schussabgabe den Anschuss kontrolliert. Der Kugelriss sei zu finden, aber erst nach 80 Metern habe der Hirsch zu schweißen angefangen. Er sei mit seinem Hund etwa 200 Meter gefolgt, dann wurde es zu dunkel, um die Nachsuche weiter fortzuführen. Da er am nächsten Tag keine Zeit hat, bittet er mich, diese Arbeit zu übernehmen.

Am frühen Morgen bin ich mit meinen Teamkollegen Felix und Gunter sowie meinen HS-Hunden *Birka* und *Diana* und der DD-Hündin *Coco* vor Ort. Die Anschussstelle ist bekannt. Der sehr lange und breite Kugelriss im Boden fällt sofort ins Auge. Ich untersuche den Anschuss mit meiner jungen Hündin *Diana* sehr intensiv. Wir finden keine weiteren Pirschzeichen. Der Hund kreist und kreist und kreist … er kommt einfach nicht weiter. Ich wechsele die Hunde, nehme die ältere *Birka* an den Riemen. Auch sie zeigt mir am Anschuss keinerlei Pirschzeichen vom Hirsch. Ich greife vor zu der Stelle, wo mein Kollege Schweiß gefunden hat.

Diese Stelle liegt bereits innerhalb des angrenzenden Fichtenaltholzbestandes. Tatsächlich, hier ist Schweiß am Boden! *Birka* verweist mir noch mehrere Stellen mit roten Schweißtropfen. Sie hat zwar anfangs größere Schwierigkeiten, saugt sich dann aber auf einer Fährte fest. Bestätigung, dass es sich um einen kranken Hirsch handelt, finde ich zwar nicht, aber die Arbeitsweise meines hocherfahrenen Hundes sagt mir sehr eindeutig, dass die Fährte, der wir jetzt folgen, eine Krankfährte ist.

Meine Gedanken kreisen um die Frage, welche Verletzung dieser Hirsch wohl haben könnte. Nach dem, was ich erkannt habe und was mir berichtet wurde, kann es sich nur um einen Durchschuss im Wildkörper handeln. Steckschuss scheidet aus, wir haben ja den Kugelriss gefunden. Streifschuss scheidet ebenfalls aus, denn dann hätte der Hirsch sofort zu schweißen angefangen. Gezeichnet hatte er nach Aussage des Schützen nicht. Er sei mit seinen beiden Beihirschen, die ebenfalls in unmittelbarer Nähe ästen, abgesprungen. Bei den beiden Hirschen, die den „Elch" begleiteten, handelt es sich ebenfalls um ältere, kapitale Geweihträger.

Birka arbeitet souverän die von ihr angefallene Fährte. Nach rund 1.000 Metern kreuzen wir eine Straße, die gleichzeitig die Reviergrenze markiert. Wir folgen weiter. Als anerkannter Schweißhundführer darf ich auch ohne Zustimmung des Reviernachbarn einen Jagdbezirk mit Schusswaffe betreten. Die Fährte verläuft einige hundert Meter weiter bis zum Rand einer größeren Fichtendickung. Dort verweist *Birka* wieder ein paar Tropfen Schweiß.

Nun habe ich den eindeutigen Beweis, dass die Hündin der Krankfährte folgt. Wir unterbrechen erst einmal unsere Suche. Per Handy informiere ich den Betreuer dieses Reviers. Der Berufsjäger macht sich auf und ist in relativ kurzer Zeit vor Ort, um sich an der Frontseite dieses Einstandes zu postieren. Die übrigen Teilnehmer sollen den Rückwechsel sichern.

Mit Felix, der *Coco* als Loshund nachführt, tauchen wir, der stramm im Riemen liegenden Schweißhündin folgend, in die Verjüngung ein. Schon bald habe ich das Gefühl, dass der Hirsch vor uns zieht. Erst als er plötzlich, deutlich akustisch vernehmbar, vor uns wegbricht, schnallen wir *Coco.* An diesem Tag ist es wie bereits schon den ganzen Sommer sehr heiß. Eine Hetze ist bei so hohen Außentemperaturen eine Gefahr für den Hund, wie schon im Kapitel „Meine Hunde“ beschrieben.

Jetzt aber geht die Post ab. *Coco* hetzt den Hirsch, für uns nicht einsehbar, zurück in das Revier, aus dem wir gekommen sind. Leider haben sich die Schützen, die den Rückwechsel sichern sollten, falsch postiert. Sie können den Hetzverlauf auch nicht beobachten. Gunter, mein zweiter Helfer, folgt Hund und Hirsch zu Fuß mit dem Garmin-Ortungsgerät. Ich werde vom Berufsjäger, der sich an der Frontpartie postiert hatte, in dessen Auto aufgenommen und wir fahren ebenfalls in Richtung des Hetzverlaufs.

Coco habe ich permanent im GPS-Empfangsgerät und wir wissen daher genau, wohin wir müssen. In einem großen Dickungskomplex erreichen wir schließlich den Hund, aber der Hirsch ist nicht mehr dort. *Coco* ist völlig fertig. Die Hitze setzt ihr mächtig zu. Ein weiterer Einsatz mit ihr ist nicht zu verantworten. An einem befestigten Holzabfuhrweg lasse ich *Birka* vorhin suchen. Diesen Weg muss der

Elch mit Abwürfen der Vorjahre.

Hirsch überfallen haben, wie mir die Aufzeichnung des Hetzverlaufes im Ortungsgerät zeigt.

Richtig, an eingezeichneter Stelle fällt *Birka* die Fährte an und verweist mir einen stecknadelkopfgroßen Schweißspritzer. Es gibt also keinen Zweifel, dass die Hetze dem kranken Hirsch galt.

Es ist für mich, trotz meiner langjährigen Erfahrung und den Kenntnissen aus Hunderten von Hirschnachsuchen unerklärlich, dass dieser Hirsch, der einen Durchschuss im Wildkörper mit einem starken Kaliber (9,3 x 64) haben muss, immer noch so gut auf den Läufen ist, dass er von einem schnellen Hund nicht gestellt werden kann.

Nach der Feststellung des Überwechsels am Weg treffen wir uns zur Beratung über das weitere Vorgehen. Als wir dort stehen, fragt der benachbarte Berufsjäger den Schützen, wieso er denn zweimal geschossen habe? Er habe doch beim Ansitz in seinem Revier zwei Schüsse vernommen. Zweimal geschossen? Was ist das? Davon hat mir niemand etwas gesagt!

Kleinlaut erzählt der Schütze dann, dass sein ihn auf dem Ansitz begleitender Freund noch einen Schuss auf den (die) flüchtenden Hirsch(e) nachgeworfen habe. Auf meine Frage, wohin er denn geschossen habe, erklärt er: „In das Fichtenaltholz hinein, etwa dorthin, wo wir den ersten Schweiß gefunden haben.“ Es fällt mir wie Schuppen von den Augen! Mir ist jetzt völlig klar, was passiert ist.

Nicht der erste Schuss, dessen Kugelriss wir gefunden haben, hat getroffen, sondern der zweite vom Freund abgegebene. Jetzt weiß ich auch, dass meine Annahme, es handele sich um einen Körperdurchschuss, nicht stimmen kann. Mir wird auch klar, dass der von uns verfolgte Hirsch keine so schwere Verletzung hat, durch die es uns möglich wäre, ihn zur Strecke zu bringen.

Dennoch versuche ich nach Einlegung einer Pause, die Fluchtfährte noch mal weiter zu arbeiten. Das gelingt auch noch etwa einen Kilometer weit, dann verliert sich die Fährte. Das Thermometer zeigt über 30°C. Das reicht! Menschen und Hunde sind völlig fertig.

Wenige Tage später erreicht mich ein Anruf, dass ein Hirsch (Achtzehnender), der als einer der beiden Beihirsche des „Elch" bekannt ist, mit einer Verletzung oberhalb der linken Schulter gesichtet worden sei. Wiederum einige Tage später erfolgt die Meldung, dieser Hirsch sei erlegt. Er hat einen Streifschuss, der längs des Wildkörpers oberhalb der Blattschaufel verlaufe, der allerdings mittlerweile von Fliegeneiern und Maden übersät sei.

Damit hat die Nachsuche für mich noch ein gutes Ende gefunden. Ich bin stolz über die Arbeit von *Birka*, der es gelungen ist, diesen Hirsch mit der relativ geringen Verletzung und der minimalen Schweißabgabe so weit und exakt zu verfolgen. Ich bin auch überzeugt, dass *Coco* diesen Hirsch unter den Umständen nicht stellen konnte.

Wiederum etwa zehn Tage später dann der Hammeranruf: „Der Elch wurde verludert gefunden. Er liegt in einem Bach und ist bereits so weit verwest, dass sich eine Verletzung nicht mehr feststellen lässt!"

Ich beginne die Situation noch mal neu zu rekonstruieren: Wir gehen davon aus, dass der Elch durch eine Kugel zu Tode kam. Dann kann es nur so gewesen sein, dass der zweite abgegebene Schuss auf die drei flüchtenden Hirsche den Achtzehnender von hinten an der Schulter streifte und dass das Geschoss den davor flüchtenden „Elch" irgendwo am Wildkörper erfasste, und zwar so, dass dieser Hirsch an seiner Verletzung einging. So wird es wohl gewesen sein!

Mein Nachsuchen-Team ist zunächst einmal nicht über zwei abgegebene Schüsse informiert worden. Wir sind einer Fährte gefolgt,

in deren Verlauf wir einen kranken (verletzten) Hirsch vorgefunden haben, den wir aber nicht strecken konnten. Von einer zweiten Krankfährte haben wir nichts gewusst, auch nichts ahnen können, und somit gab es keinen Grund weiterzusuchen!

Da es sich hier aber um einen in der Jägerschaft sehr bekannten Hirsch handelte, ist natürlich die Gerüchteküche sofort am Kochen. Es dringt sehr schnell zu mir vor, dass in Jagdkreisen verbreitet wird, der krankgeschossene „Elch“ sei von mir nachgesucht und später verludert gefunden worden. Faktisch stimmt das alles, im Detail stellt sich die Sache aber völlig anders dar. Richtig ist: Auch dies war eine Fehlsuche, die aber aufgrund der Vorkommnisse und Kenntnisse zwangsläufig erfolglos bleiben musste. Wie es wohl gelaufen wäre, wenn mir gleich am Anschuss klarer Wein eingeschenkt worden wäre?

Manches Mal weiß man nicht, was man falsch gemacht hat, warum man selbst bei günstigen Pirschzeichen nicht zum Erfolg gekommen ist. Besonders traurig stimmt es mich, wenn ich schwer verletzte Tiere Tage nach einer missglückten Suche sehe, die sich mit ihren schweren Wunden gequält haben, weil wir sie nicht erlösen konnten.

Ich muss da an einen Bock denken, den wir bei großer Hitze im Sommer nicht zur Strecke brachten. In einem riesigen Getreideschlag verloren wir seine Fährte. Die Suche wurde aufgegeben. Tage später sah ein Jagdgast den „humpelnden“ Bock beim Morgenansitz, konnte aber nicht schießen. So wurde ich noch mal gebeten, dieses verletzte Stück Rehwild nachzusuchen.

Beim zweiten Anlauf kam er tatsächlich zur Strecke. Ich habe dieses erbärmlich leidende Tier erlöst, aber leider aus meiner Sicht viel zu spät. Er hatte einen Schuss durch eine Keule und durch das Kurzwildbret. Die Wunde war nicht nur entzündet, sie war von Maden übersät.

Welche Schmerzen musste dieser Bock aushalten! Ich war an diesem Tag unendlich betroffen und haderte mit mir, weil wir diesen Bock nicht eine Woche vorher bereits erlösen konnten.

Nicht zu vergessen die vielen nicht zur Strecke gebrachten Gebrechschüsse bei Sauen. Welcher Nachsuchenführer kann nicht darüber berichten! Stücke mit dieser Verletzung sind sehr schwer zu finden und zu erlösen. Unsagbar müssen die Schmerzen für die Wildschweine sein, deren Nervensystem ähnlich dem des Menschen ausgebildet ist. Und wer von uns kann nicht von bohrenden Zahnschmerzen berichten, bei denen es keinen anderen Gedanken gab, als so schnell wie möglich vom Zahnarzt davon befreit zu werden. Wenn man sich dann vorstellt, welch hundertfacher Schmerz entsteht, wenn der gesamte Kiefer zertrümmert ist … Und für das Tier gibt es keinen Zahnarzt oder schmerzlindernde Mittel!

Ich habe diese Geschichten erzählt, weil sie dazu beitragen sollen, dass Fehler und auch Fehlsuchen so weit wie möglich minimiert, am Besten ganz vermieden werden. Das gänzliche Vermeiden ist sicher utopisch. Aber gut ausgebildeten und erfahrenen Hundeführern wird dies immer besser gelingen als den vielen „Hobbyakteuren" in dieser Branche. Dennoch gilt auch hier: Jedes verletzte und nicht aufgefundene Tier ist eine Tragödie zu viel!

AM BAIL

In der Jägersprache steht der Begriff „Bail“ für das Stellen eines kranken Stückes Wild durch den Schweißhund, nachzulesen im „Jagd-Lexikon“. Der Bail ist de facto also der letzte Akt im Verlauf einer Nachsuche. Es ist sozusagen auch meist der finale Höhepunkt einer Nachsuche, soweit das gesuchte Stück Wild noch lebt und vom Schweißhund gehetzt und gestellt wird. Bail steht dadurch aber auch für den gefährlichsten Moment einer Nachsuche, wenn man mal vom Überqueren befahrener Straßen bei der Verfolgung absieht.

Ich habe viel über die Riemenarbeit meiner Hunde geschrieben. Über sehr präzise Fährtenarbeit, die ein hohes Maß an Konzentrationsfähigkeit des Hundes, Fährtenwillen und Beutetrieb voraussetzt. Das Verfolgen und Stellen von krankem Wild ist aber ein ganz besonderer Akt innerhalb des Gesamtspektrums der Schweißarbeit und bedarf ebenfalls einiger Erfahrung. Ein perfekter Schweißhund muss sowohl ein guter Riemenarbeiter als auch gleichzeitig ein wildscharfer, hetzfreudiger Verfolger des flüchtig gewordenen kranken Wildes sein. Er sollte das Tier an einem Ort durch sein mutiges, aber stets dosiertes Angreifen bannen.

Der Hund umkreist das Stück und packt auch schon mal zu, wenn es versucht, die Flucht fortzusetzen. Dosiert sollte die Schärfe

schon deshalb sein, weil dadurch die Verletzungsgefahr des Hundes bei Gegenwehr des Stückes nicht so groß ist. Überscharfe Hunde, sogenannte Packer, haben meist keine lange Lebenserwartung.

Wildschweine, insbesondere Keiler und starke Bachen, wissen ihre Zähne zur Abwehr des Feindes vortrefflich einzusetzen. Aber auch Hirsche benutzen ihr Geweih, um einen Gegner abzuwehren. Forkelstiche haben schon manchem Hund das Leben gekostet. Im Hochgebirge verstehen Gemsen es außerordentlich geschickt, den stellenden Hund auszuhakeln, speziell wenn sie sich auf einem engen Felsvorsprung stellen.

Der Hund ist ein großer Feind des Wildes. Als der größere Feind wird aber in so einer Situation der Mensch angesehen. Wehrhaftes Wild, wie die Sauen, greifen in dieser letzten Phase daher immer den Menschen an, der sich dem Bail nähert.

Das Stellen eines Hundes wird durch den Standlaut signalisiert. Dieser Laut ist von Hetz- oder Fährtenlaut durch seine tiefe Stimmlage gut zu unterscheiden. Ist bei einer Hetze der Standlaut zu vernehmen, dann weiß der Hundeführer, dass jetzt die entscheidende Phase der Suche eingetreten ist. Nur der Hundeführer bewegt sich jetzt auf den Standlaut zu, denn nun wird die Situation kritisch und gefährlich. Solche gefährlichen Situationen habe ich viele erlebt. Eine ist mir heute noch sehr gut in Erinnerung geblieben:

Wir schreiben den 3. Oktober, Tag der Deutschen Einheit. Am frühen Morgen sind mein damaliger erster Spanmann und Freund Fred und ich zu einer Nachsuche auf einen dicken Keiler unterwegs. Mein HS *Don* arbeitet Fährten von Sauen am liebsten und meistert diese Aufgabe zügig und reibungslos. Nach etwa 800 Metern stehen wir vor dem bereits verendeten über 100 Kilogramm schweren Keiler.

Diese Arbeit war gefahrlos und keine besonders große Aufgabe für meinen erfahrenen Rüden.

Aber es ist aus einem anderen Revier, das in der Nähe des Nürburgringes liegt, eine weitere Suche auf ein sehr starkes Schwein gemeldet worden. Am Anschuss Knochensplitter, Röhrenknochen! Hier dürfen wir nicht mit einer Totsuche rechnen. Zuerst aber folgen wir der Wundfährte. Der Keiler wurde am Vorabend beschossen. Sauen mit Vorderlaufschüssen haben bei uns eine durchschnittliche Fluchtdistanz von etwa 3,5 Kilometern. Bei starken Sauen ist die Fluchtstrecke aber oft kürzer, denn das Hauptgewicht des Wildkörpers ruht auf den Vorderläufen.

Die Topografie des Reviers, in dem wir diese Nachsuche durchführen, ist sehr hügelig mit steilen Hängen. Wahrlich kein einfaches Gelände. Nicht nur die Steilhänge, sondern auch die zahlreichen Schwarzdornverhaue stellen eine besondere Herausforderung dar. Wir ziehen die Steilhänge entlang, immer wieder versperren uns Dornen den Weg. Ich muss, meinem Hund am langen Riemen folgend, überwiegend auf den Knien durch diese Verhaue rutschen. Dabei besteht immer die Gefahr, dass der Keiler vor uns im Wundkessel sitzt. Meist verlässt die kranke Sau ihr Versteck, bevor das Gespann sie erreicht hat, aber sicher sein kann man sich natürlich nicht. Es gibt auch Fälle, da lauert das Schwein dem Verfolger regelrecht auf. Es sitzt meist so neben seiner Hinfährte, dass es günstige Windverhältnisse hat, um einen eventuellen Feind frühzeitig mit der Nase zu erfassen. Oft erfolgt dann ein plötzlicher Angriff von der Seite her. Innerhalb eines Dornenverhaus, der nur kriechend durch die Schwarzwildtunnel durchquert werden kann, ist man in einer Angriffssituation völlig wehrlos. Man kann weder aufrecht stehen noch seitlich ausweichen.

Das einzige, was bleibt, ist das geladene Gewehr vor sich herzuschieben, um damit einen Angriff noch abzuwehren.

Grundsätzlich kläre ich die Situation dadurch ab, indem ich nicht hineinkrieche, sondern zuerst den Dornenkomplex mit dem Hund umschlage, um festzustellen, ob die Krankfährte wieder herausführt. Ist dies nicht der Fall, weiß ich, dass die Sau hier stecken muss. Dann krieche nicht ich hinein, sondern wir schnallen den Schweiß- oder Loshund.

So ähnlich ergeht es mir auch bei dieser Nachsuche am 3. Oktober. Der Keiler ist in eine größere Schwarzdornpartie eingewechselt und steckt. Die Dornenhecke liegt in einem Hang. Kaum ist *Don* geschnallt, ertönt auch schon der tiefe Standlaut. Ich befinde mich oberhalb der Dickung, als nach wenigen Momenten bereits die Äste des Buschwerkes auseinanderbrechen und das mächtige Haupt eines starken Keilers auftaucht. Er hat mich bereits wahrgenommen. Mit ein paar Sprüngen ist er kurz vor mir.

Gewarnt und vorbereitet durch den vorherigen Laut meines Hundes, habe ich die geladene Büchse in der Hand. Ich lasse das grobe Schwein bis auf zwei Meter herankommen und setze ihm die Kugel genau zwischen die Lichter. Der Keiler bricht vor meinen Füßen zusammen.

Gerade wenn der Hund in einem Hanggelände stellt, ist es wichtig, immer darauf zu achten, dass man sich als Hundeführer oberhalb der gestellten Sau befindet. Man glaubt nicht, wie schnell Sauen sein können, aber den Berg hoch bewegen sie sich immer noch etwas langsamer als den Berg hinab. Dieser hier erlegte Keiler wiegt, wie sich später herausstellt, 120 Kilogramm aufgebrochen. Zwei Keiler mit über 100 kg Körpergewicht an einem Tag erfolgreich nachgesucht, das kommt auch nicht alle Tage vor.

Wenn man im Hang tiefer steht als die gestellte Sau, weil es nicht anders geht, dann muss man höllisch auf der Hut sein. Das belegt folgendes Erlebnis: Wiederum in einer Dornenhecke direkt oberhalb der Ahrstrecke an der B 257 stellt mein Hund nach langer Hetze einen mittelstarken Keiler. Hätte ich geahnt, dass die Hetze in Richtung dieser sehr stark befahrenen Straße verläuft, hätte ich den Hund nie geschnallt.

Nun vernehme ich aber den Standlaut etwa 80 Meter oberhalb der Fahrbahn. In der Angst, dass die Hatz zur talabwärts verlaufenden Straße geht, wenn die Sau wieder ausbricht, postiere ich mich unterhalb des Bails, zwischen Dornenhecke und Straße. Nur so kann ich bei einer Flucht des Schweins zur Fahrbahn hin eingreifen und versuchen einen Fangschuss abzugeben.

Kaum stehe ich unterhalb des Laut gebenden Hundes, da fliegen auch schon die Äste auseinander, und als hätte ich den Keiler beim Namen gerufen, schießt ein großer, schwarzer Klumpen von Sau auf mich zu. Es gelingt mir meine 98-iger Repetierbüchse im Kaliber 8 x 57 in Anschlag zu bringen und im allerletzten Moment, bevor das Gebrech mich erreicht, die Kugel auf das Haupt loszuwerden. Der Wildkörper schießt an mir vorbei und bleibt etwa fünf Schritte unterhalb von mir regungslos liegen. Das ist gerade noch mal gut gegangen.

Obwohl ich zahlreichen wehrhaften Sauen gegenüberstand, kam es nie zu einem Unfall, konnte mich das Stück nicht verletzen, weil ich immer durch den stellenden, Laut gebenden Hund gewarnt und vorbereitet war. Unfälle bzw. Verletzungen sind bei mir oder meinen Helfern nur dann entstanden, wenn wir noch mit dem Hund am Riemen von der Sau überraschend angegriffen wurden.

Die Krone der Schweißarbeit ist für jeden Hundeführer, wenn sein Hund den starken Hirsch gestellt hat und dann der Fangschuss

angetragen werden kann. Aber nicht allzu häufig gibt es diese Fälle und sie sind lediglich optisch eine Besonderheit, denn auch der schwache Hirsch, das Kalb oder auch das Rehkitz muss von seinen Qualen, die es durch Schussverletzung erlitten hat, befreit werden. Über die erfolgreiche Nachsuche auf ein Reh sollte man sich daher genauso freuen wie über die eines Hirsches.

Dennoch möchte ich noch eine Begebenheit erzählen, die Jahre zurückliegt und die ich mit meinem Freund, dem Wildmeister Werner Pitzsch, der leider vor nicht allzu langer Zeit verstorben ist, gemeinsam erlebte.

Werner war zu einer Nachsuche auf einen schwachen Hirsch gerufen worden. Es sollte sich um einen Spießer handeln. So ganz genau erfährt man häufig nicht vom Schützen, wann die Schussabgabe erfolgte, aber in diesem Fall muss es schon recht spät bzw. sehr dunkel gewesen sein.

Werner kommt aus mir nicht mehr bekannten Gründen mit der Nachsuche nicht zurecht und bittet mich um Unterstützung. Ich stoße am späten Nachmittag zum Nachsuchen-Team. Es gelingt mir tatsächlich, mit meiner damaligen Schweißhündin die Fährte noch mal aufzunehmen und weiterzuverfolgen. In einer großen Fichtenanpflanzung bricht plötzlich schweres Wild vor uns weg. Werner führt seinen Hund hinter mir nach. Wir schnallen beide Hunde und schnell bewegt sich der Hetzlaut von uns weg.

Wir folgen und hören bald in der Ferne den Standlaut beider Hunde. Wir versuchen, so schnell wie möglich an den Bail heranzukommen. Der Laut erschallt auf einer Plateaulage aus einem Buchenaltholz. Wir beiden Hundeführer hangeln uns den Berg hoch. An der oberen Hangkante angekommen – Werner ist vor mir –, bietet sich uns ein Bild, das das Herz jedes Schweißhundführers höherschlagen lässt.

Zwischen den alten, sicher 200-jährigen Buchen steht ein starker Kronenhirsch, gestellt von zwei verbellenden Schweißhunden.

Werner hat seine Büchse im Anschlag, schießt aber nicht. Ich stehe hinter ihm, versuche aber nicht einmal, mein Gewehr in Position zu bringen, denn ich will Werner den Fangschuss überlassen. Doch Augenblicke später nimmt der Hirsch uns wahr und bricht vor den Hunden aus. Ich schaue meinen Freund und Kollegen an. „Warum hast du nicht geschossen?"

„Das kann der kranke Hirsch nicht gewesen sein! Wir suchen doch einen Spießer nach", stammelt Werner. Selbst der lebenserfahrene Berufsjäger zweifelt in diesem Augenblick nicht an der wahrheitsgetreuen Angabe des Schützen. Hier hat er sich mal getäuscht!

Für mich muss es der gesuchte Hirsch sein, denn warum sollte er sich sonst vor den Hunden stellen? An dem Platz, an dem die Hunde ihn zu Stande gehetzt haben, finden wir schließlich auch ein paar Tropfen Schweiß. Die Hunde sind nun mit dem Hirsch auf weiter Tour. Wir hören nichts mehr, keinen Laut! Es hat die Dunkelheit bereits eingesetzt, als wir unsere beiden vierläufigen Helfer wieder auflesen. Sie kommen erschöpft einen Waldweg entlang zurück.

Damals gab es noch keine Telemetrie. Eine Fortsetzung der Nachsuche am nächsten Tag führt uns nicht mehr zum Ziel. Der Hirsch bleibt für immer verschwunden! Diese Geschichte ist mir deshalb so lebhaft in Erinnerung geblieben, weil sie zu einer der wenigen Fälle gehört, wo wir bereits am Bail sind, aber das Stück doch nicht strecken konnten.

Mit Werner Pitzsch habe ich viele Nachsuchen gemeinsam durchgeführt. Er war ein Hunde- und Nachsuchenführer, der dieses Handwerk von der Pike auf gelernt hatte. Pirschzeichen erkennen und deuten

war eine seiner ganz großen Stärken. Sehr erfolgreich hat Werner verschiedenste Hunde auf der Rotfährte geführt und zahlreiches Wild von seinen Leiden erlöst. Wir haben uns gut ergänzt und ich denke auch vieles voneinander gelernt.

Jetzt ist er in den Ewigen Jagdgründen und wird hoffentlich auf uns herabschauen und sehen, wie wir mit dem Wild umgehen. Das Wild aber wird einen Menschen wie Werner vermissen, denn für ihn war der waidgerechte Umgang mit den Tieren oberstes Gebot!

Werner Pitzsch. © Brigitte Müller.

FREUD UND LEID

Freude und Leid liegen oft sehr nah beieinander. Das ist eine alte Lebensweisheit, die jeder Mensch, zumindest ab einem gewissen Alter, irgendwann einmal erfahren hat.

Hundebesitzer und vor allem Führer von Jagdhunden wissen ein Lied davon zu singen. Wie vielen ist nicht schon einmal oder womöglich mehrfach ein treuer Begleiter bei der Ausübung seiner Passion verletzt worden oder sogar zu Tode gekommen. Solche Fälle habe ich bereits in meinem Buch „Auf den Knien durch die Eifel" zur Genüge beschrieben.

Es sind nicht nur die Schweißhundeführer, die „Sternstunden" mit ihren vierbeinigen Begleitern erleben. Nein, auch bei der Ausübung anderer Jagdarten oder beim Zusammenleben mit unseren Hunden gibt es beglückende Momente.

Gerne erinnere ich mich an die eine Entenjagd bei Freund Achim in Schleswig-Holstein, als eine beschossene Kanadagans in eine größere Fläche dicht stehenden Schilfes fällt. Meine DD-Hündin *Zola* sucht daraufhin diese Schilfpartie ab und kommt wenige Augenblicke später mit einer fast 5 kg schweren Kanadagans an Land, hält sie fest im Fang und gibt sie, vor dem Führer sitzend, ordnungsgemäß aus. Welch ein beglückender Augenblick für einen Hundeführer, dessen Hund solche Jagdgelegenheiten nur sehr selten hat.

Oder an diese kleine Gesellschaftsjagd in meinem Heimatort Kelberg. Vor dem Mittag wird noch eine direkt neben dem Streckenplatz liegende Fichtendickung durchgedrückt. Ein Jäger beschießt mit Schrot einen Fuchs. Dieser, deutlich zeichnend, wechselt aber weiter in eine angrenzende große Aufforstungsfläche.

Während die Schützen nach dem Abblasen schon zur „Eintopfsuppe", die traditionsgemäß jährlich serviert wird, eilen, warte ich auf meinen Deutsch-Drahthaarrüden *Basko*, den ich kurz zuvor auf der Spur des beschossenen Fuchses angesetzt habe.

Alle stehen schon am Feuerplatz und löffeln ihre Suppe, da sehen wir *Basko* über die Höhe aus der Dickung kommen. Stolz trägt er den Fuchs, den er gefunden und evtl. auch abgewürgt hat, und bringt die Beute nun, so wie er es gelernt hat, mir, seinem Führer.

Das sind Momente, die jedem Hundeführer, aber auch jedem Jäger das Herz höherschlagen lassen. Das sind Glücksmomente, die der erfolgreichen Nachsuche auf ein angeschweißtes Stück Schalenwild in nichts nachstehen.

Und dann gibt es da noch eine ganz andere Art, die das Glück mit unseren Hunden aufleben lassen kann. Wer schon einmal mit einer eigenen Hündin die Gelegenheit hatte zu züchten, weiß jetzt, wovon ich rede.

Drei Würfe habe ich mit Hannoverschen Schweißhunden machen dürfen. Alles im Rahmen der Statuten und streng überwacht vom Zuchtwart des Vereins Hirschmann.

Meine Hündin *Kira* wurde zur Zucht zugelassen und mit ihr kamen im ersten Wurf neun und im zweiten Wurf zehn Welpen zu Welt. Schon beim ersten Wurf wurde natürlich ein Zwingername festgelegt und ins Stammbuch des JGHV (Jagdgebrauchshundverband) eingetragen. Mein Zwinger trägt seither den Namen „von der Steinrausch"!

Ulrich Umbach mit HS Diana und dem C Wurf „von der Steinrausch“.
© Benia Hüne.

Die Namen der Welpen des ersten Wurfes beginnen mit dem ersten Buchstaben des Alphabets und die Namen jedes weiteren Wurfes innerhalb dieses Zwingers beginnen mit dem fortlaufenden Buchstaben. Die Hunde meines A-Wurfes waren sehr erfolgreich bei der Nachsuche und bestätigten ihr hohes Leistungsvermögen auch auf den Vor- und Hauptprüfungen. Acht der neun Junghunde aus dem A-Wurf erzielten auf der Vorprüfung einen ersten Preis. Diese Hunde haben auch im praktischen Einsatz mehrere hundert Stück Schalenwild gefunden. Aber auch der B-Wurf war von guter Qualität, wenn auch nicht so hervorstechend, wie es der A-Wurf war.

Leider traten in dieser Zuchtlinie einige Fälle von Epilepsie auf und aus Gründen der Vorsorge wurden in der Folge alle Nachkommen für die weitere Zucht gesperrt. Das war natürlich eine tiefe Enttäuschung, das Gegenteil eines Glücksgefühls.

Umso größer die Freude, dass ich das Glück noch mal beanspruchen und meine jetzige HS Hündin *Diana* zur Zucht einsetzen kann.

Dieser Wurf hat seine ganz eigene Geschichte und ich möchte sie kurz erzählen:

Die Zuchtgenehmigung erhalte ich schon im Jahr 2017 für das Jahr 2018. Mir wird ein Rüde, der im fast 600 km weit entfernten Lüchow geführt wird, als Deckrüde zugeteilt.

Pünktlich, wie erwartet, wird *Diana* Ende Januar heiß. Gabi und ich achten sehr genau auf den Beginn der Läufigkeit und ab dem neunten Tag wollen wir uns auf die Reise machen. Es ist üblich, dass der Hündinnenbesitzer zum Rüden fährt. Und so fahren wir, Johannes – mein jagdlicher „Ziehsohn“ und zwischenzeitlich zu einem erfolgreichen Schweißhundführer herangereift – und ich, in den ersten Februartagen nach Niedersachsen in die Göhrde.

Dort wird der auserwählte HS Rüde „Boss vom Hoopter Elbdeich“ gehalten und von seinem Besitzer Kurt erfolgreich auf der Rotfährte geführt.

Der Deckakt wird innerhalb von zwei Tagen dreimal vollzogen und zufrieden und guter Hoffnung auf eine beginnende Trächtigkeit meiner Hündin geht es zurück in die Eifel.

Hündinnen verharren mehrere Tage in der sogenannten Standhitze. Während dieser Zeit ist die Hündin auch für andere Rüden interessant und kann belegt werden. Zu Hause erwartet uns daher voller Sehnsucht mein Heideterrier *Bobby*. Er lauert förmlich auf eine passende Gelegenheit. Die bekommt er auch in einem unaufmerksamen Augenblick, als die trennende Zwischentür in unserem Hausflur nicht fest verriegelt, sondern nur angelehnt ist. Blitzschnell hat der Rüde die Tür aufgestoßen und ist in Sekundenschnelle mit der Hündin gekoppelt. In dem Moment ist nichts mehr zu machen. Wir müssen von einem weiteren erfolgreichen Deckakt ausgehen, allerdings mit einem Rüden, der dafür nicht vorgesehen und schon gar nicht gewollt ist. Für mich bricht eine kleine Welt zusammen! Die Reise nach Lüchow, die Planung eines, auch für den Verein dringend benötigten Wurfes junger Hunde und die Freude, Welpen großziehen zu können – alles ist jetzt nur noch Schall und Rauch. Die befruchteten Eier in der Hündin müssen weggespritzt und somit die Schwangerschaft abgebrochen werden. Alles, unsere Reise nach Niedersachsen, die Vorplanungen für die Welpenaufzucht und die Freude darauf sind dahin.

Ich werde ein Jahr warten müssen, vorausgesetzt die Zuchtgenehmigung bleibt bestehen und der Zyklus zur Empfängnisbereitschaft bei der Hündin wurde durch den medikamentösen Eingriff nicht gestört. Auch dies war ein zutiefst enttäuschender, ja trauriger Augenblick,

den ich mit meinen Hunden oder besser gesagt, als Hundeführer und -züchter erleben musste.

Ein Jahr geht vorbei. Die Zuchtgenehmigung mit dem Rüden *Boss* bleibt bestehen und *Diana* wird, wie gehofft, im Februar des Jahres 2019 heiß.

Mit Akribie verfolgen meine Frau Gabi und ich den Verlauf der Hitze. *Bobby* gibt es nicht mehr. Ich habe darüber berichtet.

Um den Zeitpunkt der Standhitze richtig zu treffen, wird unser „Restaurantkoster" *Karl*, der Dackel unseres Nachbarn, eingesetzt.

Am Fastnachtdienstag ist es so weit. *Diana* legt, als der Dackel sie beschnuppert, die Rute zur Seite.

Am nächsten Morgen sitzen Johannes und ich – wie im Vorjahr – wieder im Auto und unternehmen noch mal die Reise nach Niedersachsen.

Ich glaube, die beiden Hunde haben sich sofort wiedererkannt. Die Hündin steht und der Rüde kommt zu seiner „Freude".

Insgesamt paaren die beiden Hannoverschen Schweißhunde sich dreimal. Und wieder fahren wir voller Hoffnung und Vorfreude zurück in die Eifel.

Diesmal soll nichts schiefgehen. Und es geht auch nichts schief.

Die Hündin – wir beobachten sie mit Argusaugen – wird ab der fünften Woche merklich dicker. Am 60. Tag nach dem ersten Deckakt beginnt die Geburt. Es ist ein Samstag, die Körpertemperatur der Hündin ist auf 37° C gesunken. Sie hechelt unaufhörlich. Gegen 5 Uhr am Sonntagmorgen setzt die Geburt des ersten Welpen ein. Innerhalb von 45 Minuten kommen vier Welpen zur Welt. Ich hoffe, dass es nicht zu viele werden. Um 9:40 Uhr ist der Welpe Nummer neun geboren und um 12:10 Uhr, als wir nicht mehr damit rechnen, erblickt auch noch

ein zehnter Welpe das Licht der Welt. Es ist allerdings eine kleine, nur 240 Gramm schwere Hündin. Sie soll den 3. Tag nicht überleben. Ihr fehlt offensichtlich der Saugreflex.

Neun Junghunde entwickeln sich erst einmal normal, wobei das Geburtsgewicht sehr unterschiedlich war. Der kleinste noch lebende Welpe wog 245 Gramm, der Stärkste brachte es auf 470 Gramm bei der Geburt. Leider – und das kann hin und wieder in jedem Wurf passieren – legt sich die Mutter am 5. Tag auf einen kleinen Rüden und erdrückt ihn.

So bleiben am Ende acht Welpen, die mit der Muttermilch ausreichend gesättigt werden können.

Acht wunderbare Wochen mit acht gesunden Welpen beschäftigen meine Frau Gabi und mich rund um die Uhr. Unser Tag beginnt morgens um 5 Uhr und endet abends gegen 23 Uhr.

Mit etwa 12 bis 13 Tagen beginnen die kleinen Möpse die Augen zu öffnen und mit 20 Tagen wollen sie die Wurfkiste verlassen. Jetzt werden sie umgesiedelt in den extra für den Wurf präparierten Zwinger. Die Hündin will sehr schnell des Nachts nicht bei den quirligen Hundekindern bleiben. Sie lässt sie regelmäßig säugen, will dann aber möglichst schnell Hütte und Einfriedung verlassen.

Alles spielt sich gut ein. Das Aufstehen am frühen Morgen fällt mir überhaupt nicht schwer. Es ist für mich die schönste Arbeit, die es mit Hunden geben kann.

Glückliche Stunden habe ich mit Hunden erlebt. Glücksgefühle bei einer bravurös bestandenen Prüfung. Viele glückliche Momente bei vielen spektakulären, erfolgreich durchgeführten Nachsuchen. Stolz und freudig habe ich immer wieder die Arbeit meiner guten Hunde beobachtet.

Diana säugt vier ihrer Welpen.

Aber nichts hat mich so glücklich gemacht, wie das Erlebnis der Geburt und des Aufwachsens von einem Wurf eigener Hunde.

Mit welch einer Energie diese kleinen Geschöpfe in nur wenigen Wochen zu richtigen Hunden werden. Wie sie geprägt werden durch die Behandlung von ihrer Mutter, dem Umfeld, in das sie hineingeboren wurden, und die Fürsorge, die sie durch meine Frau und mich erfahren haben. Ja, ich glaube, das war und ist für mich das größte Erlebnis im Zusammenleben und -arbeiten mit Hunden.

Im Verein Hirschmann, der der Zuchtverein für Hannoversche Schweißhunde ist, wird der Verkauf der Welpen über den Verein gesteuert. Die Züchter erhalten eine sogenannte Welpenbewerberliste, aus der sie den Käufer aussuchen können.

Auch mir werden einige Interessenten genannt. Mehr als ich Welpen zu vergeben habe. Somit kann ich mir die für mich infrage kommenden Käufer aussuchen.

Mit acht Wochen werden die Welpen an die neuen Hundebesitzer abgegeben. Dieser Tag bedeutet einen gravierenden Einschnitt für alle Beteiligten. Die Welpen werden aus ihrer Gemeinschaft herausgerissen und verlassen Geschwister und Mutter. Die Erwerber freuen sich über den Neuerwerb. Aber der Züchter erlebt plötzlich den Verlust dessen, was in den letzten Wochen und Monaten seinen Tagesablauf bestimmt hat.

Wer, wie wir, mit so viel Herzblut dieses neue Leben heranzieht, weiß, wovon ich rede.

War es bis jetzt die große Freude, so prägt urplötzlich, obwohl man es ja wusste und ja auch so wollte, tiefe Traurigkeit die eigene Gemütslage.

Wieder kämpft in mir der Kopf gegen den Bauch. Der Kopf sagt mir, dass der Verlauf der Abgabe und auch die Auswahl der Personen genau richtig waren. Klar ist, dass diese niedlichen Kleinhunde wachsen. Klar

Zwei der C-Wurf-Welpen mit 6 Wochen, müde von vielen Abenteuern.
© Benia Hüne.

ist, dass sie nicht alle hier aufwachsen können. Sie wurden gezüchtet für den harten Nachsucheneinsatz. Hier muss jeder Hund einzeln geführt werden. All das muss so sein und ist eigentlich selbstverständlich.

Wäre da nicht der Bauch. In ihm schmerzt der Verlust der kleinen, doch so sehr ins Herz geschlossenen Familienmitglieder. Es schmerzt, plötzlich nicht mehr mit den Glückshormonen übersät zu werden. Es ist der Trennungsschmerz, der letztlich das Gegenteil von dem bisher Erlebten bedeutet.

Am Ende aber siegt der Kopf. Und wenn man dann erlebt, dass die Erwartungen an Hund und Führer, die der Züchter der Hunde sich ja

selbst ausgesucht hat, erfüllt werden, dann kehren Zufriedenheit und auch das Glück zurück.

Drei Würfe Hannoverscher Schweißhunde konnte ich in meiner Zeit als Nachsuchenführer heranziehen. Insgesamt waren das 27 Hunde. Siebenundzwanzig Helfer für den Rotkreuzdienst am Wild. Hunde, deren Einsatz zum Teil sehr viel Tierleid verkürzen und damit zur Waidgerechtigkeit und zum Tierschutz einen erheblichen Beitrag leisten konnte.

Darin liegt bei mir auch ein großer Teil Zufriedenheit und Glück.

Hannemanns, Umbachs und Hundeeltern mit Nachwuchs.
© Susanne Fügen.

NACHWORT

Wenn man deutlich über fünf Jahrzehnte lang zur Jagd geht, wenn man diese Passion mit Beruf und Familie so ausleben kann, wie es mir vergönnt war und ist, dann muss man zuerst einmal sehr dankbar sein. Ich blicke zurück auf eine Zeit, in der die Jagd einen großen Wandel vollzogen hat.

Sicher ist, dass nichts so bleibt, wie es einmal war und dass sich das Rad der Veränderungen immer weiter dreht und fortschreitet. Ich habe in diesem Buch versucht, punktuell diese Veränderungen zu nennen und zu beleuchten. Mir ist auch klar, dass die Technik sich weiterentwickelt und dass es ein Kampf gegen Windmühlen wäre, wollte ich diese Neuerungen aufhalten, die sich nicht immer zum Vorteil fürs Wild entwickeln.

Was aber bleiben und erhalten werden muss, ist unser waidgerechter Umgang mit dem Wild. Bei allen Zwängen, die uns zur Seuchenbekämpfung, zur Wildschadensvermeidung oder zur Erfüllung der Abschusspläne vorgegeben werden, dürfen die Grundsätze der ethisch tierschutzrelevanten Umgangsformen mit unserem Wild nicht verloren gehen!

Meine Sorge – oder vielleicht besser gesagt „Fürsorge“ – bestand zeitlebens in einem fairen Umgang mit der Natur und den darin

befindlichen Tieren. Ich weiß, dass ich nicht der Einzige bin, der dafür kämpft. Ich weiß aber auch, dass der Kreis von Menschen, die diese Grundsätze nicht so beherzigen, immer größer wird.

Ich hoffe mit diesem zweiten Buch noch mal ein paar Impulse für dieses Anliegen gegeben zu haben. Wir haben die Technik, die sich ständig weiterentwickelt. Das Wild hat seine Instinkte, die seit jeher immer die gleichen waren und sind. Irgendwann werden all diese Instinkte dem technischen Fortschritt nicht mehr Paroli bieten können.

Dann wird es auf den Menschen ankommen, ob er fair mit seinen Mitgeschöpfen umgeht. Ob er ihnen eine Chance zum Überleben lässt und ob er bereit ist, die Lebensräume für die Tiere zu schützen. Ich setze mein Vertrauen in viele gut gesonnene Mitmenschen. Den Glauben daran habe ich noch nicht aufgegeben. Wie heißt es doch: Die Hoffnung stirb zuletzt!

ULRICH UMBACH

Auf den Knien durch die Eifel

Ein Leben für Wald, Wild und Jagd

3. Auflage
Hardcover, 208 Seiten
Format: 13,2 x 21 cm
zahlr. sw-Abb.
ISBN 978-3-7888-1863-0

Nein, dies ist nicht die Geschichte eines Raumpflegers, Fußballtorwartes oder auf den Knien arbeitenden Handwerkers. Es ist die Geschichte eines Försters, Jägers und Schweißhundführers, dessen Lebensinhalt bestimmt wurde durch Wald, Wild, Hunde und die Sorge um einen anständigen Umgang mit den uns anvertrauten Tieren, sowohl den Haus- als auch den Wildtieren.

Geboren in eine bis ins 18. Jahrhundert zurückgehende Jäger- und Försterdynastie, waren diese Dinge ausschlaggebend in der Prägung der vorliegenden Geschichten. Im Laufe der Jahre kamen über 7000 Nachsuchen und der Umgang mit ungezählten Jägern und Jagdscheininhabern zusammen. Es sind viele Geschichten, die erzählenswert sind und den nachfolgenden Generationen Wissen und Werte um waidmännisches Jagen und Handeln vermitteln.

NEUMANN-NEUDAMM

Neumann-Neudamm GmbH
Schwalbenweg 1 – 34212 Melsungen
Tel. 05661.9262-0 Fax 05661.9262-20
info@neumann-neudamm.de www.neumann-neudamm.de